이제 **오르비**가
학원을 재발명합니다

전화 : 02-522-0207   문자 전용 : 010-9124-0207   주소: 강남구 삼성로 61길 15 (은마사거리 도보 3분)

smart is sexy

Orbi.kr

오르비학원은

모든 시스템이 수험생 중심으로 더 강화됩니다.

모든 시설이 최고의 결과가 나올 수 있도록 설계됩니다.

집중을 위해 오르비학원이 수험생 옆으로 다가갑니다.

오르비학원과 시작하면

원하는 대학문이 가장 빠르게 열립니다.

전화 : 02-522-0207   문자 전용 : 010-9124-0207   주소 : 강남구 삼성로 61길 15 (은마사거리 도보 3분)

출발의 습관은 수능날까지 계속됩니다.
형식적인 상담이나
관리하고 있다는 모습만 보이거나
학습에 전혀 도움이 되지 않는
보여주기식의 모든 것을 배척합니다.

쓸모없는 강좌와 할 수 없는 계획을 강요하거나
무모한 혹은 무리한 스케줄로
1년의 출발을 무의미하게 하지 않습니다.
형식은 모방해도 내용은 모방할 수 없습니다.

smart is sexy

Orbi.kr

개인의 능력을 극대화 시킬 모든 계획이 오르비학원에 있습니다.

Show and Prove

3

수리논술을 위한
Advanced 미적분 & Advanced Theme

저자 소개

SaP 시리즈 저자

김기대 T
- 고려대학교 수학과 (당해 수능수학 100점 + 수리논술 합격)
- 2015~ 기대모의고사 저자
- 2023~ 기대 N제 수학1 / 수학2 / 미적분 저자
- 2023~ Show and Prove 1편 ~ 4편 저자
- 現) 대치동 수리논술 현장강의 & 비대면 영상강의

자문

강민재   부산과학고등학교 졸업 / 연세대학교 수학과 (수리논술 합격)

검토진

김기준	서울대학교 수학교육과	박도형	경희대학교 치의예과 (수리논술 합격)
양수진	서울대학교 수리과학부 박사수료 前 용인외대부고 교사	전지원	이화여대 뇌인지과학전공 (수리논술 합격)

기대T 교재 커리큘럼

교재명	1월~4월	5월	6월	7월	8월	9월	10월	11월
Show and Prove 수리논술 실전개념서	1편 : 수리논술을 위한 Basic Logic 및 수학1						연세/시립/홍익 학교별 Final 수업	수능후 학교별 Final 수업
	2편 : 수리논술을 위한 수학2 & 미적분							
		3편 : 수리논술을 위한 Advanced 미적분 & Theme						
			4편 : 수리논술을 위한 선택확통과 선택기하					
			대학별 기출 분석집 (자체 해설 수록) (출판 예정)					
기대 N제 수능수학 문제집	수학1, 수학2, 미적분 각 1권씩 (확률과 통계, 기하는 미정)							
기대모의고사 수능수학 모의고사			시즌1 (6월 평가원 기조 확인 후 출판)					
				시즌2 (미정)				

- 학습기간은 한 권 기준 4주를 넘기지 않는 것이 좋습니다
- 음영구간은 '권장학습시즌'을 의미합니다.
- 자세한 교재설명이나 출간소식은 오른쪽 QR코드를 참고해주세요.

1. 학습 전 사전공부 권장량

1편 수리논술을 위한 Basic logic & 수학 1
고1 수학 학습 + 수학1 학습 + 수학2 기본개념 1회독

2편 수리논술을 위한 수학 2 & 미적분
본 시리즈 1편 학습 + 1편 누적 + 수학2 학습 + 미적분 학습

3편 수리논술을 위한 Advanced 미적분 & Advanced Theme
본 시리즈 2편 학습 + 2편 누적

4편 수리논술을 위한 선택기하와 선택확통
고1 수학, 수학1, 미적분 학습 + (본인 필요에 따라 Pick : 선택확통, 선택기하 기본개념 1회독)

2. 예제와 실전논제 활용법

예제와 실전논제에 대한 해설 전부는 해설집에 수록돼있으나, 일부는 문제집에도 동시 수록돼있습니다.
해설이 없는 문제는 없으니, 항상 해설집을 옆에 두고 공부하시기 바랍니다.
(Chapter별로 나뉘어져있는 예제해설모음 뒤에 논제해설모음이 있습니다.)

또한 예제와 실전논제에 있는 별표는 다음과 같이 활용하면 됩니다.

별표	설명	고민 정도	고민 시간
★☆☆☆☆	직전에 배운 개념을 가볍게 확인하기 위한 쉬운 문제	매우 빠르게	3분 이내
★★☆☆☆	빈출하는 주제, 평이한 난이도의 문제	적당히	5~10분 이내
★★★☆☆	실전 문제로 나오는 수준의 난이도이며, 고민 시간을 투자할 가치가 충분히 있는 고난도 문제	넉넉히	15~20분 이내
★★★★☆	합격자조차도 승률이 반반 정도인 매우 어려운 문제		20~25분 이내
★★★★★	못 풀어도 합격이 가능할 만큼, 도전과 배움에 의의를 둔 초고난도 문제. 적당한 고민 후 해설로 빠른 학습 권장	빠르게	10~15분 이내
꼭 고민시간을 지키지 않아도 됩니다. 본인 상황에 맞춰 진행합시다.			

기대T 수리논술 수업 연간 커리큘럼

수리논술 수업일		수업 Theme	〈수업명〉 교재 및 첨삭여부
2월	1주차	답안작성의 기본 & OT	〈정규반 프리시즌〉 자체교재 + 모의고사 응시 (2~3월 수강생은 1:1 첨삭 무한제공)
	2주차	증명법 1 : 수학적귀납법	
	3주차	증명법 2 : 귀류법과 대우법 및 특이한 증명법	
	4주차	휴강	〈정규반 시즌 1〉 시리즈 1편 + 자체교재 + 모의고사 응시 + 첨삭 (1차첨삭 후 2차첨삭 추가제공)
3월	1주차	수리논술을 위한 고등 도형 심화 특강	
	2주차	수리논술을 위한 수열 & 삼각함수 콜라보	
	3주차	시즌 1 마무리 (실전 논제 풀이)	
	4주차	다항함수 다양한 성질 증명 및 고난도 문제풀이	〈정규반 시즌 2〉 시리즈 2편 + 자체교재 + 모의고사 응시 + 첨삭 (1차첨삭 및 2차첨삭 추가제공)
	5주차	극한 오개념 때려잡기 & 수리논술 전용 극한 테크닉	
4월	1주차	함수의 연속 : 사잇값 정리 및 최대최소 정리의 활용	
	2주차	미분가능성 오개념 때려잡기 & 평균값의 정리	
	4주차	중간고사 내신휴강 (3주 예정)	
	5주차		
5월	1주차		
	2주차	평균값의 정리 고급 활용 & 미분의 활용	
	3주차	수리논술용 적분 Basic 1	
	4주차	수리논술용 적분 Basic 2 + 시즌 2 마무리 (실전 논제)	

* 수업 Theme은 예시입니다. 출제 트렌드에 따라 커리큘럼이 매년 변화하기 때문에, 수업소개 및 첨삭안내 등 정확한 안내는 오른쪽 QR코드를 참고하세요.
* 수업시간마다 보는 Test 문항에 대한 첨삭이 매수업 제공됩니다.
* 지난 수업에 대한 첨삭도 수강 시기에 따라 가능합니다. QR코드 참고하세요.

수리논술 수업일		수업 Theme	〈수업명〉 교재 및 첨삭여부
6월	1주차	Advanced 미적분 1 : 이변수함수, 젠센부등식 등	〈정규반 시즌 3〉 시리즈 3편 + 자체교재 + 모의고사 응시 + 첨삭 (1차첨삭 후 2차첨삭 추가제공) & 〈추가 선택〉 선택과목 실전+심화 특강 수리논술을 위한 액기스 특강 (선택확통 3강 및 선택기하 3강) (온라인 영상수강이며, 상위권 대학 지원생은 수강 필수)
	2주차	Advanced 미적분 2 : 적분의 고급 활용, 함수방정식 등	
	3주차	Advanced 미적분 3 : 미분방정식, 지엽 미적분 등	
	4주차	기말고사 내신휴강 (3주 예정)	
	5주차		
7월	1주차		
	2주차	수리논술 전용 실전개념 1 : 정수론	
	3주차	수리논술 전용 실전개념 2 : 절대부등식	
	4주차	수리논술 전용 실전개념 3 : 더블카운팅	

* 재수생이거나 논술에 진심이라면, 여유시간 (중간/기말 내신휴강기간 등등)을 활용하여 확통 및 기하 선택과목 심화특강을 수강해두시기 바랍니다.
8월 수업부터는 선택확통 및 선택기하 융합문제들도 전부 다루게 됩니다.

수리논술 수업일		수업 Theme	〈수업명〉 교재 및 첨삭여부
8월	1주차	Semi Final 1 (대학별 출제성향파악 : A, B그룹)	〈Semi Final〉 대학별 출제성향파악 + 수시원서 지원상담 진행 + 모의고사 응시 + 1차첨삭 제공
	2주차	Semi Final 2 (대학별 출제성향파악 : C, D그룹)	
	3주차	Semi Final 3	
	4주차	Semi Final 4 (수리논술 원서 지원 1:1 상담 추가진행)	
9월	1주차	상위권 수리논술 고난도 문제 해제 + 예상 모의고사 1	〈고난도 문제풀이반 For 메디컬/고/연/서성한〉 상위권 수리논술을 위한 문풀진행 자체교재 + 고난도 모의고사 응시
	2주차	상위권 수리논술 고난도 문제 해제 + 예상 모의고사 2	
	3주차	상위권 수리논술 고난도 문제 해제 + 예상 모의고사 3	
	4주차	상위권 수리논술 고난도 문제 해제 + 예상 모의고사 4	
10월	1,2주차	연세/시립/홍익 학교별 Final (추석연휴 포함 진행)	〈학교별 Final〉 학교별 자료집 + 예상문제 모의고사 응시 후 첨삭/채점 제공
~정규반 종강~		수능 집중학습 후 수능 후 학교별 Final 준비	
11월	수능후	메디컬/고려/한양/성균/중앙/경희/인하 등 학교별 Final	

기대T 수리논술 수업 상세안내

수업명	수업 상세안내 (지난 수업 영상수강 가능)
정규반 프리시즌 **(2월)**	– 수리논술만의 특징인 '답안작성 능력'과 '증명 능력'을 향상시키는 수업 – 수험생은 물론 강사들도 가진 '증명구조 오개념'을 확실히 타파해주는 수학전공자의 수업 – '뭐든 적어내면 부분점수'는 옛말! 단계별 채점원리 및 정제된 논리 전개법 전수
정규반 시즌1 **(3월)**	– 수능/내신 공부와 다른 수리논술 공부의 결 & 방향성을 잡아주는 수업 – 삼각함수 & 수열의 콜라보 등 논술형 발전성을 체감해볼 수 있는 실전 내용 수업
정규반 시즌2 **(4~5월)**	– 수리논술에서 60% 이상의 비중을 차지하는 수리논술용 미적분을 집중 해석하는 수업 – 수리논술에도 존재하는 행동영역을 통해 고난도 문제의 체감 난이도를 낮춰주는 수업 – 대학의 모범답안을 보고도 '이런 아이디어를 내가 어떻게 생각해내지?' 　라는 생각이 드는 학생들도 납득 가능하고 감탄할만한 문제접근법을 제시해주는 수업
정규반 시즌3 **(6~7월)**	– 상위권 대학의 합격 당락을 가르는 고난도 주제들을 총정리하는 수업 – 아래 학교의 수리논술 합격을 바라는 학생들이라면 강추 　(메디컬, 고려, 연세, 한양, 서강, 서울시립, 경희, 이화, 숙명, 세종, 서울과기대, 인하)
선택과목 특강 **(선택확통+선택기하)**	– 수능/내신의 빈출 Point와의 괴리감이 제일 큰 두 과목인 확통/기하의 내용을 철저히 수리 　논술 빈출 Point에 맞게 피팅하여 다루는 Compact 강의 (영상수강 전용 강의) – 총 6강 (확통/기하 3강씩) 으로 구성된 실전+심화 수업 (교과서 개념 선제적 학습 필요) – 상위권 학교 지원자들은 꼭 알아야 하는 필수내용 / 6월 또는 7월 내로 완강 추천
Semi Final **(8월)**	– 본인에게 유리한 출제 스타일인 학교를 탐색하여 원서지원부터 이기고 들어갈 수 있도록 　태어난 새로운 수업 (모든 대학을 출제유형별로 A그룹~D그룹으로 분류 후 분석) – 최신기출 (작년 기출+올해 모의) 중 주요문항 선별 통해 주요대학 최근출제경향 파악
고난도 문제풀이반 **For** **메디컬/고/연/서성한시**	– 2월~8월 사이 배운 모든 수리논술 실전개념들을 고난도 문제에 적용해보는 수업 – 전형적인 고난도 문제부터 출제될 시 경쟁자와 차별될 수 있는 창의적 신유형 문제까지 다양 　하게 만나볼 수 있는 수업
학교별 Final **(수능전 / 수능후)**	– 학교별로 고유 출제스타일에 맞는 문제들만 정조준하여 분석하는 Final 수업 – 빈출주제 특강 + 예상문제 모의고사 응시 후 해설 & 첨삭 – 고승률 문제접근 Tip을 파악하기 쉽도록 기출선별자료집 제공 (학교별 상이)
첨삭	수업형태 (현장강의 수강, 온라인 수강) 상관없이 모든 학생들에게 첨삭이 제공됩니다. 1차 서면첨삭 후 학생이 첨삭내용을 제대로 이해했는지 확인하기 위해, 답안을 재작성하여 2차 대면첨삭영상을 추가로 제공받을 수 있습니다. 이를 통해 학생은 6~10번 이내에 합격급으로 논리적인 답안을 쓸 수 있게 되며, 이후에는 문 제풀이 Idea 흡수에 매진하면 됩니다.

* 자세한 안내사항은 아래 QR코드 참고

목차

CHAPTER.1

처음 보면 낯설 수 있는 미분 방식과, 고난도 문제를 푸는 데에 도움을 주는 방법론을 배웁니다. 특히 이 중 젠센부등식은 내용이 상당히 어려우니, 반드시 따로 빼내서 나중에 공부해주도록 합시다.

CHAPTER.2

적분은 미분보다 활용도가 떨어지긴 하지만, 미숙함에서 나오는 어려움이 있을 수 있습니다. 낯선 적분의 활용법과 친근해질 수 있는 계기가 되도록 합시다.

CHAPTER.3

수능과 수리논술 경계에 있는 미적분 모음입니다. 겉 포장이 낯설 뿐 속 내용은 이미 배운 것들과 다른 것이 없으므로, 겉 포장에 너무 쫄지 맙시다.

CHAPTER.4

대부분의 학생들이 처음 보는 Theme이라 매우 낯설을 겁니다. 적용에도 어려움을 가지겠지만, 대학별 기출을 풀 때에는 이런 낯섦을 덜 느끼도록 지금 미리 잘 공부해두도록 합시다.

CHAPTER.5

본 교재에서 배운 개념들을 활용해서 최근 주요 문항을 풀어보는 Chapter입니다.

Show
and
Prove

기대T 수리논술 수업 상세안내

수업명	수업 상세안내 (지난 수업 영상수강 가능)
정규반 프리시즌 (2월)	- 수리논술만의 특징인 '답안작성 능력'과 '증명 능력'을 향상시키는 수업 - 수험생은 물론 강사들도 가진 '증명구조 오개념'을 확실히 타파해주는 수학전공자의 수업 - '뭐든 적어내면 부분점수'는 옛말! 단계별 채점원리 및 정제된 논리 전개법 전수
정규반 시즌1 (3월)	- 수능/내신 공부와 다른 수리논술 공부의 결 & 방향성을 잡아주는 수업 - 삼각함수 & 수열의 콜라보 등 논술형 발전성을 체감해볼 수 있는 실전 내용 수업
정규반 시즌2 (4~5월)	- 수리논술에서 60% 이상의 비중을 차지하는 수리논술용 미적분을 집중 해석하는 수업 - 수리논술에도 존재하는 행동영역을 통해 고난도 문제의 체감 난이도를 낮춰주는 수업 - 대학의 모범답안을 보고도 '이런 아이디어를 내가 어떻게 생각해내지?' 　라는 생각이 드는 학생들도 납득 가능하고 감탄할만한 문제접근법을 제시해주는 수업
정규반 시즌3 (6~7월)	- 상위권 대학의 합격 당락을 가르는 고난도 주제들을 총정리하는 수업 - 아래 학교의 수리논술 합격을 바라는 학생들이라면 강추 　(메디컬, 고려, 연세, 한양, 서강, 서울시립, 경희, 이화, 숙명, 세종, 서울과기대, 인하)
선택과목 특강 (선택확통+선택기하)	- 수능/내신의 빈출 Point와의 괴리감이 제일 큰 두 과목인 확통/기하의 내용을 철저히 수리 　논술 빈출 Point에 맞게 피팅하여 다루는 Compact 강의 (영상수강 전용 강의) - 총 6강 (확통/기하 3강씩) 으로 구성된 실전+심화 수업 (교과서 개념 선제적 학습 필요) - 상위권 학교 지원자들은 꼭 알아야 하는 필수내용 / 6월 또는 7월 내로 완강 추천
Semi Final (8월)	- 본인에게 유리한 출제 스타일인 학교를 탐색하여 원서지원부터 이기고 들어갈 수 있도록 　태어난 새로운 수업 (모든 대학을 출제유형별로 A그룹~D그룹으로 분류 후 분석) - 최신기출 (작년 기출+올해 모의) 중 주요문항 선별 통해 주요대학 최근출제경향 파악
고난도 문제풀이반 For 메디컬/고/연/서성한시	- 2월~8월 사이 배운 모든 수리논술 실전개념들을 고난도 문제에 적용해보는 수업 - 전형적인 고난도 문제부터 출제될 시 경쟁자와 차별될 수 있는 창의적 신유형 문제까지 다양 　하게 만나볼 수 있는 수업
학교별 Final (수능전 / 수능후)	- 학교별로 고유 출제스타일에 맞는 문제들만 정조준하여 분석하는 Final 수업 - 빈출주제 특강 + 예상문제 모의고사 응시 후 해설 & 첨삭 - 고승률 문제접근 Tip을 파악하기 쉽도록 기출선별자료집 제공 (학교별 상이)
첨삭	수업형태 (현장강의 수강, 온라인 수강) 상관없이 모든 학생들에게 첨삭이 제공됩니다. 1차 서면첨삭 후 학생이 첨삭내용을 제대로 이해했는지 확인하기 위해, 답안을 재작성하여 2차 대면첨삭영상을 추가로 제공받을 수 있습니다. 이를 통해 학생은 6~10번 이내에 합격급으로 논리적인 답안을 쓸 수 있게 되며, 이후에는 문제풀이 Idea 흡수에 매진하면 됩니다.

* 자세한 안내사항은 아래 QR코드 참고

CHAPTER

1

미분의 활용

Chapter 1. 미분의 활용

이변수함수 최대최소

가로와 세로의 길이가 각각 $x^2 - x$, $x^2 - 2x$인 직사각형의 넓이는 $(x^2 - x)(x^2 - 2x)$로 표현된다.
즉, 이 경우 넓이는 x에 대한 일변수함수이다.

하지만 가로와 세로의 길이가 각각 $x^2 - x$, $y^2 - 2y$인 직사각형의 넓이는 $(x^2 - x)(y^2 - 2y)$로 표현된다.
즉, 이 경우 넓이는 x와 y에 대한 '이변수함수'에 해당한다.

이럴 때에는, 두 변수 x와 y가 서로 독립인 변수인지, 아니면 종속[1]인 변수인지 파악한 후 문제를 풀어야 한다.

1. 두 변수가 서로 독립이 아닐 때 (=종속일 때)

| 단순히 식 정리하기

문제에 등장하는 두 변수에 대한 관계식이 존재하여 두 변수가 서로 독립이 아닌 경우,
관계식을 이용하여 한 변수를 다른 변수로 표현하여 이변수함수를 일변수함수로 바꿔준 후 푸는 방법이 일반적이다.

예제 1 ★★☆☆☆ 2022 중앙대

좌표평면 위의 두 점 $A(a, 0)$, $B(b, b^2 + 1)$과 원점 O가 이루는 삼각형 OAB의 넓이가 4라고 하자.
이때 $20(2a + b^2) - (2a + b^2)^2$의 최댓값 M과 최솟값 m을 각각 구하시오. (단, $a \geq 1$이다.)

연습지

---

[1] x와 y가 관계식으로 엮여있는 경우

$A(a, 0)$, $B(b, b^2+1)$에 대하여 삼각형 OAB의 넓이는 $\dfrac{1}{2} \times a \times (b^2+1) = 4$ 이므로

$\dfrac{8}{a} = b^2 + 1 \geq 1$ 이고, $a \geq 1$ 이므로 종합하면 $1 \leq a \leq 8$ 임을 알 수 있다.

$t = 2a + b^2$ 로 놓으면, $t = 2a + \dfrac{8}{a} - 1$ 에서 $a = 2$ 일 때 t 는 최솟값 7 을 갖고, $a = 8$ 일 때 최댓값 16 을 갖는다.

따라서 $f(t) = -t^2 + 20t$ $(7 \leq t \leq 16)$ 의 최댓값과 최솟값을 구하면 된다.
$f'(t) = -2t + 20$ 에서 $t = 10$ 에서 최댓값 $f(10)$ 을 가지고, $t = 16$ 에서 최솟값을 가진다.

그러므로, 최댓값 $M = f(10) = 100$, 최솟값 $m = f(16) = 64$ 이다.

| 매개변수 도입하기

한편, 문제에 등장하는 두 변수에 대한 관계식이 존재하긴 하나 한 변수를 다른 변수로 정리하여 이변수함수를 일변수함수로 바꿔주기 어려운 경우가 있을 수 있다. 이럴 경우엔 '매개변수' 도입을 고려해보자.

두 변수를 하나의 매개변수로 정리한다면, 우리가 분석해야 하는 식이 매개변수 하나만 남은 일변수함수로 바뀌는 장점이 있다.

예제 2 ★★★☆☆ 2022 경희대 모의

$x^2 + y^2 = 1$ 을 만족하는 실수 x, y 에 대하여 $100x^2 + 240xy$ 의 최댓값을 구하고, 그 근거를 논술하시오.

연습지

[기대T 추천답안] 매개변수를 활용하여 일변수함수로 만들기

$x^2 + y^2 = 1$ 이므로 $x = \cos\theta$, $y = \sin\theta$ $(0 \leq \theta < 2\pi)$로 둘 수 있다.

$$
\begin{aligned}
100x^2 + 240xy &= 100\cos^2\theta + 240\cos\theta\sin\theta \\
&= 50 + 50\cos2\theta + 120\sin2\theta \\
&= 50 + 130 \times \sin(2\theta + \alpha) \ (\because \text{삼각함수 합성}^{2)}) \\
&\leq 180
\end{aligned}
$$

이다. 따라서 최댓값은 180이다.

[대학 예시답안] 이변수함수를 유지한 채, 절대부등식 활용할 방안 찾아보기

임의의 실수 p, q에 대하여 $(p-q)^2 \geq 0$ 에서 $p^2 + q^2 \geq 2pq$ 이고 등호는 $p = q$ 에서 성립한다.

$p = ax$, $q = 120\dfrac{y}{a}$ 을 대입하면, $240xy \leq a^2x^2 + 120^2\dfrac{y^2}{a^2}$ 에서

$$
100x^2 + 240xy \leq (100 + a^2)x^2 + 120^2\frac{y^2}{a^2}
$$

이다. $100 + a^2 = \dfrac{120^2}{a^2}$ 이 되도록 하는 a^2 을 찾으면$^{3)}$

$a^2 = \dfrac{-100 + \sqrt{100^2 + 4 \times 120^2}}{2}$ 이고 $100x^2 + 240xy \leq \dfrac{100 + \sqrt{100^2 + 4 \times 120^2}}{2}(x^2 + y^2) = 180$ 이다.

따라서 $100x^2 + 240xy$ 의 최댓값은 180 이다.

---

2) 시리즈 1, 2편 참고

3) 관계식 $x^2 + y^2 = 1$을 쓰기 위해 x^2과 y^2의 계수가 같게되는 a를 찾는 이 과정은, 문제를 풀기 위해 짜맞추는 행동에 속하는데, 기대T는 이런 것이 답안에 담기는 것을 긍정적으로 보지 않는다. 답안상에서 우리는 논리적이고 친절한 '천재'가 되라고 했던 1편의 조언을 상기 시켜보자.

2. 두 문자가 서로 독립일 때

문제에 등장하는 두 변수에 대한 관계식이 존재하지 않을 때, 두 변수는 서로 독립이라 한다.
이 경우엔 한 문자가 고정돼있는 상수라고 간주하고 나머지 문자에 대한 미분 등을 진행해준다.

예제 3

★★★☆☆ 2022 서울시립대

좌표평면에서 곡선 $y = x - x^2$ 위의 네 점 $O(0, 0)$, $A(a, a - a^2)$, $B(b, b - b^2)$, $C(1, 0)$에 대하여 다음 물음에 답하여라. (단, $0 < b < a < 1$ 이다.)

[1] 점 B가 곡선에서 두 점 O와 A 사이를 움직일 때, 삼각형 OAB의 넓이의 최댓값을 a에 대한 식으로 나타내어라.

[2] 두 점 A, B가 곡선에서 두 점 O와 C 사이를 움직일 때, 사각형 ABOC의 넓이의 최댓값을 구하여라.

연습지

삼각형 OAB, 삼각형 AOC, 사각형 ABOC 의 넓이를 차례로, S_1, S_2, S_3 이라 하자. 이때

$S_1 = \dfrac{ab(a-b)}{2}$, $S_2 = \dfrac{a-a^2}{2}$, $S_3 = S_1 + S_2$ 이다.

[1] $S_1 = \dfrac{ab(a-b)}{2} = -\dfrac{a}{2}\left(b - \dfrac{a}{2}\right)^2 + \dfrac{a^3}{8}$ 이므로 $b = \dfrac{a}{2}$ 일 때 S_1 은 최댓값 $\dfrac{a^3}{8}$ 을 가진다.

[2] $S_3 = S_1 + S_2$, $S_1 \leq \dfrac{a^3}{8}$, $S_2 = \dfrac{a-a^2}{2}$ 이므로 $S_3 \leq \dfrac{a^3}{8} + \dfrac{a-a^2}{2} = \dfrac{a^3 - 4a^2 + 4a}{8}$ 이다.

$f(x) = x^3 - 4x^2 + 4x$ 라 하면 $f'(x) = 3x^2 - 8x + 4 = (3x-2)(x-2)$ 이다.

x	$\cdots$	$\dfrac{2}{3}$	$\cdots$
$f'(x)$	$+$	0	$-$
$f(x)$	↗	$\dfrac{32}{27}$	↘

그러므로 열린구간 $(0, 1)$ 에서 $f(x)$ 의 최댓값은 $\dfrac{32}{27}$ 이다. 즉, $S_3 \leq \dfrac{4}{27}$ 이다.

실제로 $a = \dfrac{2}{3}$, $b = \dfrac{1}{3}$ 일 때 $S_3 = \dfrac{4}{27}$ 이므로, S_3 의 최댓값은 $\dfrac{4}{27}$ 이다.

⌄ TIP

이 문제는 $S_1 \leq \dfrac{a^3}{8}$ 이므로 $S_3 = S_1 + S_2 \leq \dfrac{a^3 - 4a^2 + 4a}{8} \leq \dfrac{4}{27}$ 라는 논리전개가 이뤄졌다.

즉, S_3 가 $\dfrac{4}{27}$ 이 되기 위해선 두 개의 부등식을 만족시켜야 한다.

(i) $S_1 = \dfrac{a^3}{8}$ 이기 위하여 $b = \dfrac{a}{2}$ 이어야 한다.

(ii) (i)이 성립할 때, $S_3 = S_1 + S_2 = \dfrac{a^3 - 4a^2 + 4a}{8}$ 에서 $a = \dfrac{2}{3}$ 일 때 $\dfrac{a^3 - 4a^2 + 4a}{8}$ 이 최대

즉, 문제의 조건 $0 < b < a < 1$ 을 잘 만족시키면서 $b = \dfrac{a}{2}$, $a = \dfrac{2}{3}$ 또한 성립하는 순서쌍 (a, b) 가 존재해야 한다.

실제로 위의 두 개의 조건을 잘 만족시킬 수 있는 순서쌍 (a, b) 가 $\left(\dfrac{2}{3}, \dfrac{1}{3}\right)$ 이고, 이것이 존재함을 표현하기 위해

답안 마지막 줄에서 $a = \dfrac{2}{3}$, $b = \dfrac{1}{3}$ 임을 적어주는 것이 필요하다. 이런 수리논술적 디테일, 챙겨두도록 하자.

Chapter 1. 미분의 활용

여러 가지 미분법

1. 로그미분법

다수의 항이 곱해져 있거나 승수에 x에 대한 함수가 있을 때 사용하는 미분법이다.

예를 들어, $y = x^x$를 미분하고 싶으면 양변에 $\ln$을 취하여 $\ln y = x \ln x$로 만들어준 후 미분을 진행하면

$\dfrac{1}{y} \times y' = \ln x + 1$, $y' = x^x (\ln x + 1)$임을 알 수 있다.

아래에선 다수의 항이 곱해져 있는 전자의 상황에 대한 문제를 풀어보도록 하자.

예제 4   ★★☆☆☆   2022 한양대 메디컬

다항함수 $p(x)$를 다음과 같이 일차식 n개의 곱으로 정의한다.

$$p(x) = (1+x)(1+2x) \cdots (1+nx)$$

이때 $p''(0)$을 n에 대한 식으로 표현하시오.

연습지

먼저 $p(0)=1$ 임과 $x > -\dfrac{1}{n}$ 의 범위에서 $p(x)$ 가 양수임은 쉽게 알 수 있다. 이제 $x=0$ 을 포함하는

$x > -\dfrac{1}{n}$ 의 범위로 $p(x)$ 의 정의역을 제한하면 아무 문제없이[4] $\ln p(x)$ 를 생각할 수 있고,

$\ln p(x) = \displaystyle\sum_{k=1}^{n} \ln(1+kx)$ 를 얻는다.

양변을 미분하면

$$\frac{p'(x)}{p(x)} = \sum_{k=1}^{n} \frac{k}{1+kx}$$

이므로 $p'(0) = \displaystyle\sum_{k=1}^{n} k = \dfrac{n(n+1)}{2}$ 를 얻는다.

다시 한 번 위 식에서 양변을 미분하면

$$\frac{p''(x)}{p(x)} - \frac{\{p'(x)\}^2}{\{p(x)\}^2} = -\sum_{k=1}^{n} \frac{k^2}{(1+kx)^2}$$

이므로 $p''(0) = \{p'(0)\}^2 - \displaystyle\sum_{k=1}^{n} k^2$ 을 얻는다.

따라서 $p''(0) = \dfrac{n^2(n+1)^2}{4} - \dfrac{n(n+1)(2n+1)}{6} = \dfrac{n(n+1)(n-1)(3n+2)}{12}$ 이다.

✅ **TIP**

| 지수함수 성질 이용하여 로그미분법 대체하기 (cf. 최근 모 대학 제시문에서 제시해준 테크닉)

로그를 취할 땐 항상 진수가 양수여야 한다는 조건을 명심해야 하며, 이것을 지수의 성질을 이용하여 미분하는
방법도 있다.

함수 $y = x^x \ (x>0)$ 를 미분할 때, $x = e^{\ln x}$ 이므로 $y = x^x = (e^{\ln x})^x = e^{x\ln x}$ 로 함수의 모양을 변형하여 해석하면
로그미분법 없이 합성함수의 미분법으로 해석할 수 있다.

확장하여, $y = x^{f(x)}$ 꼴일 때에도 $x = e^{\ln x}$ 이므로 $y = x^{f(x)} = (e^{\ln x})^{f(x)} = e^{f(x)\ln x}$ 로 변형하여 미분하면 되겠다.

---

4) 로그의 진수 조건을 해결할 수 있다.

'합성함수 보이지? 미분 해봐!' 라고 시켜서 하는 미분은 누구나 다 할 줄 안다. 그런데

'이 문제를 깡으로 미분하기 보다는, 합성함수 미분으로 생각 했을 때 유리하겠네??'

와 같은 생각은 아무나 할 수 있는 생각이 아니다.

즉, 본인이 합성함수를 직접 만들어내서 계산상의 이점을 가져가는 판단을 할 수 있냐 없냐가 중요한 포인트다.

아래 문제를 풀어보고 바로 아래에 있는 대학 예시 답안의 일부를 보도록 하자.

| 2022 한양대 모의

좌표평면 위를 움직이는 점 $P(x, y)$ 의 시각 t 에서의 위치가

$$x = 2\cos t \, , \, y = \sin t$$

일 때, 시각 t 에서의 점 P 의 속력을 $f(t)$, 가속도의 크기를 $g(t)$ 라 하자.

$0 \leq t \leq 2$ 인 t 에 대하여 $\dfrac{f(t)}{g(t)}$ 의 최댓값과 최솟값을 구하시오.

[대학 예시답안 일부]

$f(t) = \sqrt{(-2\sin t)^2 + (\cos t)^2} = \sqrt{1 + 3\sin^2 t}$, $g(t) = \sqrt{(-2\cos t)^2 + (-\sin t)^2} = \sqrt{1 + 3\cos^2 t}$ 이다.

$h(t) = \dfrac{f(t)}{g(t)} = \dfrac{\sqrt{1 + 3\sin^2 t}}{\sqrt{1 + 3\cos^2 t}}$ 라 하자.

$$h'(t) = \dfrac{\dfrac{6\sin t \cos t}{2\sqrt{1 + 3\sin^2 t}}\sqrt{1 + 3\cos^2 t} - \sqrt{1 + 3\sin^2 t}\,\dfrac{(-6\cos t \sin t)}{2\sqrt{1 + 3\cos^2 t}}}{1 + 3\cos^2 t}$$

$$= \dfrac{3\sin t \cos t\,(1 + 3\cos^2 t + 1 + 3\sin^2 t)}{(1 + 3\cos^2 t)\sqrt{1 + 3\sin^2 t}\,\sqrt{1 + 3\cos^2 t}} = \dfrac{15\sin t \cos t}{(1 + 3\cos^2 t)\sqrt{1 + 3\sin^2 t}\,\sqrt{1 + 3\cos^2 t}}$$

......

......

......

앞에서 대학 예시답안을 보다시피, 있는 그대로의 $h(t)$를 미분하려면 계산이 상당히 살벌하다. 그래서 우리는 가상의 함수들을 도입하여 합성함수로 이해해주도록 하자.

$$f_1(t) = \sqrt{t}, \; g_1(t) = \frac{1+3t^2}{4-3t^2} = -1 + \frac{5}{4-3t^2}, \; h_1(t) = \sin t \; (0 \leq t \leq 2)$$

라 하면

$$h(t) = \sqrt{\frac{1+3\sin^2 t}{1+3\cos^2 t}} = \sqrt{\frac{1+3\sin^2 t}{1+3(1-\sin^2 t)}} = \sqrt{\frac{1+3\sin^2 t}{4-3\sin^2 t}} = f_1(g_1(h_1(t)))$$

으로 정리되는데, $f_1(t)$는 증가함수이고 $g_1(t)$는 $0 \leq t \leq 1$에서[5] 증가함수 이므로 $f_1(g_1(t))$역시 증가함수이다.

따라서 $h_1(t) = 0$, 즉 $t = 0$일 때 $h(t)$는 최솟값 $\frac{1}{2}$를 갖고 $h_1(t) = 1$, 즉 $t = \frac{\pi}{2}$일 때 $h(t)$는 최댓값 2를 가짐을 미분을 하지 않고도 쉽게 알 수 있다.

> ### ⌵ TIP
>
> | 복잡한 함수의 증가감소는 가상의 합성함수를 만들어서 관찰해보기
>
> 사실 수능에서도 쓰이고 있는 사고의 전환방식이긴 하지만, 예시답안을 제공한 대학조차 이를 자연스럽게 활용 못하고 있음을 확인할 수 있었다. 본인도 현장에서 저런 노가다 계산을 하고 있을 가능성이 있으니, 항상 함수를 관찰하는 습관을 들이자.
>
> + 항상 하는 말이지만, 대학예시답안을 너무 맹신하지 말자.
> 풀이방식이 아쉬웠을 뿐 잘못된 답안은 아니었기에 위 답안은 욕먹을 답안까지는 전혀 아니지만,
> 가끔 '이 답안, 수학 전공한 사람이 쓴 게 맞나?' 싶을 정도의 오개념이 섞인 답안도 존재한다.
> 특히 모의논술에서 이런 경우가 빈번하므로,
>
> 모범답안과 예시답안은 항상 독자입장에서 비판적으로 활용하기 바란다.[6]
> "이거 논리적 오류 없어?? 이게 최선의 방법이야?? 다른 접근방법은 없어??" 마인드

---

5) g_1에 h_1이 합성될 예정이므로, h_1의 치역에 대해서만 적어준 것.

6) 더 나아가서, 세상의 모든 수학 풀이에 대하여 그러면 좋겠다.

1-3

이계도함수의 활용

이계도함수는 보통 함수 $f(x)$의 볼록성을 파악하기 위해 쓴다.

하지만 이계도함수는 어떤 함수 $f(x)$를 두 번 미분한 함수이기 전에, 어떤 함수의 도함수 $f'(x)$의 도함수이다.

즉, $f'(x)$의 동향을 살피고 싶으면 이것의 도함수인 이계도함수를 관찰하는 것이 기본이다.

1. 극대/극소를 판별하는 이계도함수

$f'(a) = 0$일 때, $x = a$에서 $f(x)$가 극대냐 극소냐를 판단하기 위해 $f'(x)$의 부호변화를 체크하며 '증감표'를 작성한다.

하지만 $f'(x)$가 복잡하거나 상수 a가 복잡한 식일 때에는 증감표를 작성하기 힘드므로, 이계도함수를 이용하여 극대와 극소를 판단한다.

> ## ✅ TIP
>
> (i) 함수 $f(x)$의 이계도함수 $f''(x)$가 존재할 때, $f'(a) = 0$ 이고 $f''(a) > 0$이면 $f(x)$는 $x = a$에서 극소이다.
>
> (ii) 함수 $f(x)$의 이계도함수 $f''(x)$가 존재할 때, $f'(a) = 0$ 이고 $f''(a) < 0$이면 $f(x)$는 $x = a$에서 극대이다.

예제 5 ★★☆☆☆ 자작문항

자연수 n에 대하여 함수

$$f(x) = e^{x - \frac{n}{4}\pi} \times \frac{\sin x + \cos x}{2} + \cos x$$

가 $x = \frac{n}{4}\pi$에서 극대인 모든 n을 작은 수부터 크기순으로 나열할 때, m번째 수를 a_m 이라 하자.

$\displaystyle\sum_{k=1}^{10} a_k$의 값은?

연습지

제시문 일부

(나) 함수 $f(x)$가 닫힌 구간 $[a, b]$에서 연속일 때, $\dfrac{d}{dx}\displaystyle\int_a^x f(t)dt = f(x)$ (단, $a < x < b$ 이다.)

(다) 함수 $f(x)$의 이계도함수가 존재할 때, $f'(a) = 0$, $f''(a) > 0$이면 $f(x)$는 $x = a$에서 극소이다.

두 실수 α, β에 대하여 최고차항의 계수가 1인 삼차함수 $g(x)$이 아래 조건을 만족시킬 때, 다음 물음에 답하시오.

(a) 방정식 $g(x) = 0$은 세 실근 1, 3, k를 갖는다.

(b) $\displaystyle\int_1^3 g(x)dx = \alpha$

(c) $\displaystyle\int_1^3 |g(x)|dx = \beta$

[1] $|\alpha| \neq \beta$ 일 때, $1 < k < 3$임을 보이시오.

[2] 제시문 (나), (다)를 활용하여 β의 최솟값을 구하시오.

[3] $1 < k < 3$일 때, $\beta = \dfrac{2}{3}$가 되는 모든 k의 값의 곱은 $p + q\sqrt{2}$ 이다. 다음 식을 활용하여 $p + q$의 값을 구하시오. (단, p, q는 유리수이다.)

$$\beta = a + b(k+m)^2 + c(k+m)^4 \text{ (단, } a,\ b,\ c,\ m\text{은 상수이다.)}$$

2. 이계도함수는 도함수의 도함수이다.

함수 $f(x)$의 도함수 $f'(x)$를 관찰하여 $f(x)$의 개형을 판단하는게 일반적이다.

하지만 가끔 도함수 $f'(x)$의 관찰이 까다로운 문제를 출제하는 경우가 많다.
이럴 때에는 항상

이계도함수는 도함수의 도함수니까, 우선은 구하고 본다.

라는 행동강령을 세우자. 도함수를 해석하기 어려운 문제들은 보통 이계도함수를 거쳐 설명이 된다.

예제 7 ★★☆☆☆ 2020 세종대

실수 전체의 집합에서 미분가능한 함수 $f(x)$는 다음 조건을 만족시킨다.

> (가) $f'(x) = f(x^2) - 5x^2$
> (나) $f'(x) \geq 5$
> (다) $f(1) = a,\ f(0) = 5$

[1] 곡선 $y = f(x)$ 위의 점 $(1, f(1))$에서의 접선의 방정식 $y = h(x)$를 a의 식으로 나타내시오.

[2] $x \geq 0$일 때, $f(x) - 5x$의 최솟값을 구하시오.

[3] $x \geq 0$일 때, $g(x) = f(x) - h(x)$의 최솟값을 구하시오.

[4] $0 \leq x \leq 1$일 때, $g(x)$와 a를 각각 구하시오.

연습지

책 구성 순서상 이계도함수 Part에 들어왔지만, 이 젠센부등식 파트는 수리논술 제일 마지막에 공부하기 바란다.[7]
상당히 증명과정이 복잡하고, 어렵고, 심지어 기출 빈도도 내가 수험생일 때보다 낮아졌기 때문이다.
그렇다고 공부를 안하진 말자. 증명과정이 품고 있는 두 도구 '평균값 정리'와 '수학적 귀납법'의 콜라보 증명구조가 일품이기
때문에, 미적분 수리논술 공부의 방점을 찍기 좋다.

우선은 넘어가고, 수리논술 맨 마지막에 공부하기 바란다.

| 젠센 부등식 순한맛

이계도함수가 존재하는 함수 $f(x)$가 구간 (a, b)에서 $f''(x) > 0$일 때,
구간 (a, b) 내의 임의의 두 값 x_1, x_2와 $0 < t < 1$인 임의의 실수 t에 대하여 다음 부등식이 성립한다.

$$f(tx_1 + (1-t)x_2) \leq tf(x_1) + (1-t)f(x_2)$$

반대로, $f''(x) < 0$일 때에는 다음 부등식이 성립한다. (두 부등식 모두 등호조건은 $x_1 = x_2$ 이다.)

$$f(tx_1 + (1-t)x_2) \geq tf(x_1) + (1-t)f(x_2)$$

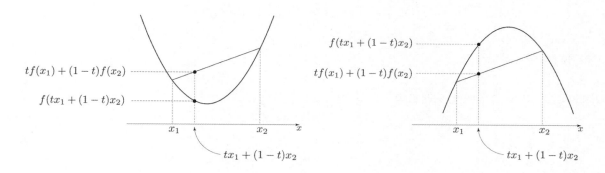

증명

$f(tx_1 + (1-t)x_2) > tf(x_1) + (1-t)f(x_2)$를 만족시키는 x_1, x_2 $(x_1 < x_2)$가 있다고 가정하면[8]

$f(tx_1 + (1-t)x_2) > tf(x_1) + (1-t)f(x_2)$

$\Leftrightarrow t\{f(tx_1 + (1-t)x_2) - f(x_1)\} > (1-t)\{f(x_2) - f(tx_1 + (1-t)x_2)\}$

$\Leftrightarrow \dfrac{f(tx_1 + (1-t)x_2) - f(x_1)}{(1-t)(x_2 - x_1)} > \dfrac{f(x_2) - f(tx_1 + (1-t)x_2)}{t(x_2 - x_1)}$

$\Rightarrow$[9] 평균값의 정리에 의하여 $f'(c_1) > f'(c_2)$ 인 c_1, c_2 존재 (단, $x_1 < c_1 < tx_1 + (1-t)x_2 < c_2 < x_2$)

그런데 $f(x)$는 아래로 볼록, 즉 $f''(x) > 0$이므로 $f'(x)$가 증가함수이고 $f'(c_1) > f'(c_2)$은 모순이다.

따라서 귀류법에 의하여 $f(tx_1 + (1-t)x_2) \leq tf(x_1) + (1-t)f(x_2)$ 이다.

---

7) 잰... 센 부등식이야... 그니까 쫄아도 합법
8) 귀류법의 시작. 물론 귀류법으로 증명안해도 되지만, 뒤에서 다른 증명방식들을 소개할거라서 여기서는 굳이 귀류법으로 증명해보았다.
9) 여기만 충분조건인 이유, 2편 평균값의 정리에서 강조한 내용 리마인드 해보자.

| 젠센 부등식 순한맛 대표적 상황

$t = \dfrac{1}{2}$ 을 대입하면, $f\left(\dfrac{x_1+x_2}{2}\right) \leq \dfrac{f(x_1)+f(x_2)}{2}$ 이다. 이는 내신이나 옛날 수능에서 많이 보던 모양일 것이다.

| 젠센 부등식 순한맛 꼬아보기

이계도함수가 존재하는 함수 $f(x)$가 구간 (a, b)에서 $f''(x) > 0$일 때,
구간 (a, b) 내의 임의의 두 값 x_1, x_2와 $0 < t < 1$인 임의의 실수 t에 대하여 아래 부등식

$$f(tx_1 + (1-t)x_2) \leq tf(x_1) + (1-t)f(x_2)$$

이 성립한다고 했다.

여기서 t에 대한 조건을 조작해보자. $0 < t < 1$ 였던 조건을 $t < 0$ 또는 $1 < t$로 바꾸면,
위의 부등식의 부등호 방향이 $\leq$ 에서 $\geq$ 로 바뀐다.
이 경우 $t(1-t) < 0$가 돼서, 이전 증명에서 부등식 방향이 바뀌는 상황이 펼쳐지기 때문이다.

$t(1-t) < 0$임을 명심하여 부등식을

$$f(tx_1 + (1-t)x_2) \geq tf(x_1) + (1-t)f(x_2)$$

로 교체하여 다시 증명 해보자.

만약 이해만 하고 넘어가고 싶다면, 아래 그림으로 이해만 하고 넘어가자.

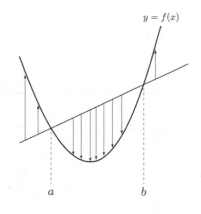

| 젠센 부등식 매운맛

혹시라도, 젠센부등식을 **본 책 맨 마지막에 공부**하란 경고를 어겼다면 지금이라도 늦지 않았다. 넘어갈 기회 준다.

이전까진 에피타이저였음. 찐막 경고임.
이제, 진짜, 시작한다.

| 젠센 부등식 매운맛 Ver.①

이계도함수가 존재하는 함수 $f(x)$가 구간 (a, b)에서 $f''(x) > 0$일 때, 구간 (a, b) 내의 임의의 값 $x_1, x_2, \cdots, x_n$과 임의의 양수 $s_1, s_2, \cdots, s_n$에 대하여 다음 부등식이 성립한다. (단, $n \geq 2$)

$$f\left(\frac{s_1 x_1 + s_2 x_2 + \cdots + s_n x_n}{s_1 + s_2 + \cdots + s_n}\right) \leq \frac{s_1 f(x_1) + s_2 f(x_2) + \cdots + s_n f(x_n)}{s_1 + s_2 + \cdots + s_n}$$

반대로, 함수 $f(x)$가 구간 (a, b)에서 $f''(x) < 0$이면 다음 부등식이 성립한다.

$$f\left(\frac{s_1 x_1 + s_2 x_2 + \cdots + s_n x_n}{s_1 + s_2 + \cdots + s_n}\right) \geq \frac{s_1 f(x_1) + s_2 f(x_2) + \cdots + s_n f(x_n)}{s_1 + s_2 + \cdots + s_n}$$

두 부등식 모두 등호조건은 $x_1 = x_2 = \cdots = x_n$일 때이다.

증명은 나중에 하도록하고, 우선 식의 형태를 보자. 어떤가?? 극혐이지 않은가?? 그니까, 조금만 식을 단순화 시켜보자.

$\dfrac{s_k}{s_1 + \cdots + s_n} = t_k$라 하면 $t_1 + \cdots + t_n = 1$이므로, Ver.①은 다음과 같이 써진다.

| 젠센 부등식 매운맛 Ver.②

이계도함수가 존재하는 함수 $f(x)$가 구간 (a, b)에서 $f''(x) > 0$일 때, 구간 (a, b) 내의 임의의 값 $x_1, x_2, \cdots, x_n$과 임의의 양수 $t_1, t_2, \cdots, t_n$에 대하여 다음 부등식이 성립한다. (단, $n \geq 2$)

$$f(t_1 x_1 + t_2 x_2 + \cdots + t_n x_n) \leq t_1 f(x_1) + t_2 f(x_2) + \cdots + t_n f(x_n)$$
$$(\text{단, } t_1 + \cdots + t_n = 1)$$

등호조건은 $x_1 = x_2 = \cdots = x_n$일 때이며, 함수 $f(x)$가 위로 볼록일 때에는 부등호 방향이 반대이다.

음, 이제는 그나마 볼만해졌지만 여전히 매스꺼운 형태임에는 분명하다. Ver.①, ② 모두 현재 수리논술 체제에서 어려운 편이므로

여기서 더 단순화 시켜보자.

$t_1 + \cdots + t_n = 1$인 상황 중 $t_1 = t_2 = \cdots = t_n = \dfrac{1}{n}$인 매우 특수한 상황이 Ver.③인데, 이것만 알고 있거나 더 나아가 증명까지 할 줄 알고 있으면 문제풀이에 상당한 도움을 받으므로, Ver.③만이라도 눈에 익혀두거나 본인이 직접 증명을 따라 필사해보도록 하자.

| 젠센 부등식 매운맛 Ver.③

이계도함수가 존재하는 함수 $f(x)$가 구간 (a, b)에서 $f''(x) > 0$일 때, 구간 (a, b) 내의 임의의 값 $x_1, x_2, \cdots, x_n$에 대하여 다음 부등식이 성립한다. (단, $n \geq 2$)

$$f\left(\frac{x_1 + x_2 + \cdots + x_n}{n}\right) \leq \frac{f(x_1) + f(x_2) + \cdots + f(x_n)}{n}$$

등호조건은 $x_1 = x_2 = \cdots = x_n$일 때이며, $f''(x) < 0$이면 부등호 방향이 반대이다.

증명

수학적 귀납법을 이용한다.

i) $n = 2$일 때, $f\left(\dfrac{x_1 + x_2}{2}\right) \leq \dfrac{f(x_1) + f(x_2)}{2}$ 증명 완료. (젠센 순한맛에서 이미 증명했음)

이 때, 등호조건은 $x_1 = x_2$이다.

ii) $n = k$일 때, $f\left(\dfrac{x_1 + x_2 + \cdots + x_k}{k}\right) \leq \dfrac{f(x_1) + f(x_2) + \cdots + f(x_k)}{k}$ 가정하자.

(단, 등호조건은 $x_1 = \cdots = x_k$이라고도 가정하자.)

$\dfrac{f(x_1) + \cdots + f(x_k) + f(x_{k+1})}{k+1}$

$= \boxed{\dfrac{f(x_1) + f(x_2) + \cdots + f(x_k)}{k+1}} + \dfrac{f(x_{k+1})}{k+1}$

$\geq \boxed{\dfrac{k}{k+1} f\left(\dfrac{x_1 + x_2 + \cdots + x_k}{k}\right)} + \dfrac{f(x_{k+1})}{k+1}$ ($\because$ 가정한 식, 등호조건 ⓐ : $x_1 = \cdots = x_k$)

$\geq f\left(\dfrac{k}{k+1} \times \dfrac{x_1 + x_2 + \cdots + x_k}{k} + \dfrac{1}{k+1} x_{k+1}\right)$ ($\because$ 젠센 순한맛 증명, 등호조건 ⓑ : $\dfrac{x_1 + \cdots + x_k}{k} = x_{k+1}$)

$= f\left(\dfrac{x_1 + x_2 + \cdots + x_k + x_{k+1}}{k+1}\right)$

따라서 $f\left(\dfrac{x_1 + x_2 + \cdots + x_k + x_{k+1}}{k+1}\right) \leq \dfrac{f(x_1) + f(x_2) + \cdots + f(x_k) + f(x_{k+1})}{k+1}$ 이므로 $n = k+1$일 때도

성립하고 이 때 등호조건 ⓐ, ⓑ를 동시에 만족시키기 위한 조건은 $x_1 = \cdots = x_k = x_{k+1}$이다.

따라서 수학적귀납법에 의하여 증명 끝. □

이계도함수가 존재하는 함수 $f(x)$가 구간 $(a,\ b)$에서 $f''(x) > 0$일 때, 구간 $(a,\ b)$ 내의 임의의 값 $x_1,\ x_2,\ \cdots,\ x_n$과 임의의 양수 s_n에 대하여 다음 부등식이 성립한다. (단, $n \geq 2$)

Ver. ①　$f\left(\dfrac{s_1 x_1 + s_2 x_2 + \cdots + s_n x_n}{s_1 + s_2 + \cdots + s_n}\right) \leq \dfrac{s_1 f(x_1) + s_2 f(x_2) + \cdots + s_n f(x_n)}{s_1 + s_2 + \cdots + s_n}$

Ver. ②　$f(t_1 x_1 + t_2 x_2 + \cdots + t_n x_n) \leq t_1 f(x_1) + t_2 f(x_2) + \cdots + t_n f(x_n)$　(단, $t_1 + \cdots + t_n = 1$)

증명

수학적 귀납법을 이용한다.

i) $n = 2$일 때, $f\left(\dfrac{s_1 x_1 + s_2 x_2}{s_1 + s_2}\right) \leq \dfrac{s_1 f(x_1) + s_2 f(x_2)}{s_1 + s_2}$ 증명. (앞에서 이미 했음)

　이 때, 등호조건은 $x_1 = x_2$이다.

ii) $n = k$일 때, $f\left(\dfrac{s_1 x_1 + s_2 x_2 + \cdots + s_k x_k}{s_1 + s_2 + \cdots + s_k}\right) \leq \dfrac{s_1 f(x_1) + s_2 f(x_2) + \cdots + s_k f(x_k)}{s_1 + s_2 + \cdots + s_k}$ 가정하자.

$\dfrac{s_1 f(x_1) + \cdots + s_k f(x_k) + s_{k+1} f(x_{k+1})}{s_1 + \cdots + s_k + s_{k+1}}$

$= \dfrac{s_1 f(x_1) + \cdots + s_k f(x_k)}{s_1 + \cdots + s_k + s_{k+1}} + \dfrac{s_{k+1} f(x_{k+1})}{s_1 + \cdots + s_k + s_{k+1}}$

$\geq \dfrac{s_1 + \cdots + s_k}{s_1 + \cdots + s_{k+1}} f\left(\dfrac{s_1 x_1 + s_2 x_2 + \cdots + s_k x_k}{s_1 + s_2 + \cdots + s_k}\right) + \dfrac{s_{k+1} f(x_{k+1})}{s_1 + \cdots + s_k + s_{k+1}}$ （∵ 가정식, 등호조건 $x_1 = \cdots = x_n$）

$\geq f\left(\dfrac{s_1 + \cdots + s_k}{s_1 + \cdots + s_{k+1}} \times \dfrac{s_1 x_1 + s_2 x_2 + \cdots + s_k x_k}{s_1 + s_2 + \cdots + s_k} + \dfrac{s_{k+1}}{s_1 + \cdots + s_{k+1}} x_{k+1}\right)$

（∵ $n = 2$ 증명식, 등호조건: $\dfrac{s_1 x_1 + s_2 x_2 + \cdots + s_k x_k}{s_1 + s_2 + \cdots + s_k} = x_{k+1}$ and 이전 등호조건 $x_1 = \cdots = x_n$）

$= f\left(\dfrac{s_1 x_1 + s_2 x_2 + \cdots + s_k x_k + s_{k+1} x_{k+1}}{s_1 + s_2 + \cdots + s_k + s_{k+1}}\right)$

따라서

$f\left(\dfrac{s_1 x_1 + s_2 x_2 + \cdots + s_k x_k + s_{k+1} x_{k+1}}{s_1 + s_2 + \cdots + s_k + s_{k+1}}\right) \leq \dfrac{s_1 f(x_1) + s_2 f(x_2) + \cdots + s_k f(x_k) + s_{k+1} f(x_{k+1})}{s_1 + s_2 + \cdots + s_k + s_{k+1}}$ 이므로

$n = k + 1$일 때도 성립한다. 수학적귀납법에 의하여 증명 끝. □

Ver. ②도 마찬가지로 하면 된다.

| 젠센 부등식의 활용 : 산술기하평균부등식 증명하기

이 책 뒤에서 산술기하평균부등식에 대해서 다시 다루겠지만, 이 단원에서 배운 젠센 부등식으로 산술기하평균부등식

$$\frac{x_1 + x_2 + \cdots + x_n}{n} \geq \sqrt[n]{x_1 x_2 \cdots x_n} \ (\text{단}, \ x_k \ (1 \leq k \leq n) \text{은 모두 양수})$$

을 쉽게 증명할 수 있다.

증명

$f(x) = \ln x$로 두면, $x > 0$에서 $f''(x) < 0$이다. 따라서 젠센 부등식 Ver.③를 적용해보면 로그 성질에 의하여

$$\ln\left(\frac{x_1 + x_2 + \cdots + x_n}{n}\right) \geq \frac{\ln(x_1 x_2 \cdots x_n)}{n} = \ln(x_1 x_2 \cdots x_n)^{\frac{1}{n}}$$

이고, 이를 정리하면 $\dfrac{x_1 + x_2 + \cdots + x_n}{n} \geq \sqrt[n]{x_1 x_2 \cdots x_n}$ 임을 알 수 있다.

| 젠센 부등식 출제 가능성

최근 수리논술은 교과외를 썼을 때 직빵으로 풀리는 문제를 지양하고[10] 있지만, 수리논술 공부를 어느 정도 했다면

    '과정이 교과내이고 그것을 엮는 논리가 과하지 않다면, 제시문이라는 우산을 이용하여 응용문제를 출제할 수 있다'

는 것을 느꼈을 것이다.

젠센 부등식은 위에서의 '논리적 과함'의 선에 아슬아슬 걸쳐있는 Topic이기 때문에, 나올 수 있는 케이스가 한정적이다. 케이스를 나눠 출제방향을 이미지 트레이닝 해보자.

| 젠센 부등식 출제 가능성 (i) : 제시문에서 젠센 부등식 매운맛을 제시

나와주면 사실, 이 책을 공부한 우리야 매우 땡큐!! 이미 충분히 익숙해진 공식이 그대로 나온 셈이니 말이다.

꽤 최근까지만 해도 충분히 가능성이 있는 시나리오였으나, 제시문으로 젠센 부등식을 줘놓고 문제에 단순적용시키는 문제를 내버리면 교육적인 목표가 상당히 사라지는게 큰 문제점이다.

이 케이스에선 교과외 내용을 교과내 내용으로 증명하는 사고력을 묻지 못하기 때문이다.

따라서 이런 경우는 거의 없을 것으로 예상된다.

---

10) 지양을 넘어 배제하고 있는 추세

| 젠센 부등식 출제 가능성 (ii) : 제시문 제시 X, 2개짜리까지만 묻기

2개짜리 젠센은 순한맛이기 때문에, 아무 힌트 없이 바로 출제될 수 있다.

2017 한양대

> $x > 0$에서 정의되고 이계도함수가 존재하는 함수 $f(x)$에 대하여 $f''(x) < 0$일 때, 부등식
>
> $$2f\left(\frac{2}{x}\right) > f\left(\frac{1}{x}\right) + f\left(\frac{3}{x}\right)$$
>
> 이 성립함을 보이시오.

증명은? 젠센 부등식 순한맛 과정과 똑같다. 평균값 정리를 적용시켜준 후 이계도함수 부호에 따른 부등식을 세워주면 된다. 즉, 우리가 증명을 연습한 것은 젠센 부등식을 바로 써먹기 위해서가 아니고,

젠센 부등식의 증명과정 그 자체가 이런 유형 문제들의 통상적인 증명방식

이기 때문에 일반적인 명제로 증명해보며 연습해본 것이다.[11]

---

11) 모래주머니 효과를 누리기 위함이라고 생각하면 되겠다.

| 젠센 부등식 출제 가능성 (iii) : 제시문 제시 X, n개 짜리 젠센 부등식 매운맛 직접적으로 묻기

젠센 매운맛의 경우엔 바로 증명하라고 출제하기엔 너무 어려우므로, 그 과정을 세분하여 소문항 2~3개로 출제할 수 밖에 없으며 다음과 같은 문제구성이 예상된다.

소문항 1번) 젠센 부등식 순한맛 증명
소문항 2번) 젠센 부등식 매운맛 증명 (수학적귀납법 증명)
소문항 3번) 젠센 부등식 매운맛 적용문제

예제 8 ★★★★☆ 2013 인하대

제시문

(가) 어떤 구간에서 곡선 $y = f(x)$가 위로 볼록하다는 것은 이 곡선 위의 임의의 두 점 P, Q에 대하여 이 두 점 사이에 있는 곡선 부분이 선분 PQ보다 항상 위에 있다는 것이다.

(나) 양의 실수 m, n과 실수 x, $y\,(x < y)$에 대하여 구간 $[x, y]$를 $n : m$으로 내분하는 실수는

$$\frac{m}{m+n}x + \frac{n}{m+n}y$$

이다. 또한 평면 위의 두 점 P(a, b), Q(c, d)에 대하여 선분 PQ를 $n : m$으로 내분하는 점의 좌표는

$$\left(\frac{m}{m+n}a + \frac{n}{m+n}c,\ \frac{m}{m+n}b + \frac{n}{m+n}d\right)$$

이다.

제시문 (가)와 (나)를 이용하여 다음 세 문항을 논술하시오.

[1] 양의 실수 m , n과 실수 α, $\beta\,(0 < \alpha < \pi,\ 0 < \beta < \pi)$에 대하여 다음 부등식이 성립함을 보이시오.

$$\frac{m}{m+n}\sin\alpha + \frac{n}{m+n}\sin\beta \leq \sin\left(\frac{m}{m+n}\alpha + \frac{n}{m+n}\beta\right)$$

[2] $0 < \alpha_1, \alpha_2, \cdots, \alpha_n < \pi\ (n \geq 2)$에 대하여 다음 부등식이 성립함을 보이시오.

$$\sin\alpha_1 + \sin\alpha_2 + \cdots + \sin\alpha_n \leq n\sin\left(\frac{\alpha_1 + \alpha_2 + \cdots + \alpha_n}{n}\right)$$

[3] 원에 내접하는 n각형 $(n \geq 3)$ 중 가장 넓이가 큰 것은 정n각형임을 보이시오.

1-4

Chapter 1. 미분의 활용

실전논제 풀어보기

| 논제 해설 위치

논제에 대한 해설은 해설집의 '예제 해설 모음' 뒤에 있는 '논제 해설 모음'에 있습니다.

| 답안지 Box의 점선 줄 활용법

ⓐ 점선 줄 위에서부터 답안의 첫 두 줄을 시작해서, 이 줄에 맞춰서 아래 답안들도 줄이 삐뚤어지지 않도록 맞춰 써보세요.
   읽기 편한 글씨와 줄 맞춰 쓰기는 채점자에게 좋은 인상을 줄 수 있는 기본기입니다 :)

ⓑ 줄 맞춰 쓸 연습이 필요 없다면, 이 문제에 쓰이는 필수 Idea를 필기하는 공간으로 활용하세요.

논제 1　　★★★☆☆　　2022 서울시립대

다음 물음에 답하여라.

[1] 상수 a 에 대하여 방정식 $x^3 - 6x^2 + a = 0$ 의 한 근이 t 일 때, 나머지 두 근을 t 에 대한 식으로 나타내어라.
   (단, $-2 < t < 0$)

[2] 좌표평면에서 직사각형 ABCD 의 두 꼭짓점 A, D 는 곡선 $y = -x^3 + 6x^2$ 에 있는 제1사분면의 점이고,
   두 꼭짓점 B, C 는 x 축에 있다. 직사각형 ABCD 의 넓이가 최대일 때, 변 AB 의 길이를 구하여라.

연습지

다음과 같이 닫힌구간 $\left[0,\ \pi^2+2\pi\right]$ 에서 정의된 함수 $f(x)$

$$f(x)=\frac{\sqrt{x+1}+1}{x+2(\sqrt{x+1}+1)\cos(\sqrt{x+1}-1)}$$

가 최댓값을 갖게 하는 x를 구하시오.

연습지

실수 전체의 집합에서 미분가능한 두 함수 $f(x)$와 $g(x)$가 다음 조건을 만족시킬 때, $\{f(1)\}^2 + \{g(1)\}^2$의 값을 구하여라.

(1) $\displaystyle\int_0^x e^t f(t)dt = \dfrac{e^x\{f(x) - g(x)\} + 1}{2}$

(2) $\displaystyle\int_0^x e^t g(t)dt = \dfrac{e^x\{f(x) + g(x)\} - 1}{2}$

제시문

- 두 함수 $f(x)$, $g(x)$ 가 미분가능할 때 $\{f(x)g(x)\}' = f'(x)g(x) + f(x)g'(x)$ 이다.

- 미분가능한 두 함수 $y = f(u)$, $u = g(x)$ 에 대하여 합성함수 $y = f(g(x))$ 의 도함수는
  $\{f(g(x))\}' = f'(g(x))g'(x)$ 이다.

- 함수 $f(x)$ 가 임의의 세 실수 a, b, c 를 포함하는 열린구간에서 연속일 때 다음 식이 성립한다.

$$\int_a^c f(x)dx + \int_c^b f(x)dx = \int_a^b f(x)dx$$

- 미분가능한 함수 $g(x)$ 의 도함수 $g'(x)$ 가 닫힌구간 $[a, b]$ 를 포함하는 열린구간에서 연속이고,
  $g(a) = \alpha$, $g(b) = \beta$ 에 대하여 함수 $f(x)$ 가 α 와 β 를 양끝으로 하는 닫힌구간에서 연속일 때 다음 식이 성립한다.

$$\int_a^b f(g(x))g'(x)\,dx = \int_\alpha^\beta f(t)dt$$

[1] 양의 실수 α 에 대하여, 곡선

$$y = \sqrt[3]{\alpha + \frac{x}{1 \times 2 \times 3}} \times \sqrt[3]{\left(\alpha + \frac{x}{2 \times 3 \times 4}\right)^2} \times \left(\alpha + \frac{x}{3 \times 4 \times 5}\right)$$

위의 점 $(0, \alpha^2)$ 에서의 접선이 점 $(5, 1)$ 을 지난다고 할 때, α 의 값을 구하시오.

[2] 주기가 2π 인 함수 $f(x)$ 가 모든 실수 x 에 대하여

$$f(x) + 2f\left(x + \frac{\pi}{2}\right) = 15 \times \frac{|\sin x|}{2 + \cos x}$$

을 만족할 때, 정적분 $\int_0^\pi f(x)dx$ 의 값을 구하시오.

연습지

제시문

(가) 실수 x, y에 대하여 부등식 $\left(\dfrac{x+y}{2}\right)^2 \geq xy$가 성립한다.

(나) 양의 실수 A, B와 자연수 n에 대하여 부등식 $A \leq B$가 성립할 필요충분조건은 $\sqrt[n]{A} \leq \sqrt[n]{B}$이다.

(다) (수학적 귀납법) 자연수 $n \geq 2$에 대한 명제 $p(n)$이 모든 자연수 $n \geq 2$에 대하여 성립함을 증명하려면 다음 두 가지를 보이면 된다.
  (1) $n = 2$일 때 명제 $p(n)$이 성립한다.
  (2) $n = k\,(k \geq 2)$일 때 명제 $p(n)$이 성립한다고 가정하면, 명제 $n = k+1$일 때에도 $p(n)$이 성립한다.

[1] 양의 실수 a, b가 $ab \geq 1$을 만족할 때, 다음 부등식이 성립함을 보이시오.
$$(a^2+1)(b^2+1) \leq \left(\left(\dfrac{a+b}{2}\right)^2 + 1\right)^2$$

[2] 양의 실수 a, b, c가 $ab, bc, ca \geq 1$을 만족할 때, 다음 부등식이 성립함을 보이시오.
$$(a^2+1)(b^2+1)(c^2+1) \leq (d^2+1)^3 \quad (\text{단, } d = \dfrac{a+b+c}{3} \text{이다.})$$

[3] 양의 실수 $a_1, a_2, \cdots, a_n\,(n \geq 2)$이 모든 i, j $(1 \leq i < j)$에 대하여 $a_i a_j \geq 1$을 만족할 때, 다음 부등식이 성립함을 보이시오.
$$\sqrt[n]{(a_1{}^2+1)(a_2{}^2+1)\cdots(a_n{}^2+1)} \leq \left(\dfrac{a_1 + a_2 + \cdots + a_n}{n}\right)^2 + 1$$

연습지

Show
and
Prove

기대T 수리논술 수업 상세안내

수업명	수업 상세안내 (지난 수업 영상수강 가능)
정규반 프리시즌 (2월)	- 수리논술만의 특징인 '답안작성 능력'과 '증명 능력'을 향상시키는 수업 - 수험생은 물론 강사들도 가진 '증명구조 오개념'을 확실히 타파해주는 수학전공자의 수업 - '뭐든 적어내면 부분점수'는 옛말! 단계별 채점원리 및 정제된 논리 전개법 전수
정규반 시즌1 (3월)	- 수능/내신 공부와 다른 수리논술 공부의 결 & 방향성을 잡아주는 수업 - 삼각함수 & 수열의 콜라보 등 논술형 발전성을 체감해볼 수 있는 실전 내용 수업
정규반 시즌2 (4~5월)	- 수리논술에서 60% 이상의 비중을 차지하는 수리논술용 미적분을 집중 해석하는 수업 - 수리논술에도 존재하는 행동영역을 통해 고난도 문제의 체감 난이도를 낮춰주는 수업 - 대학의 모범답안을 보고도 '이런 아이디어를 내가 어떻게 생각해내지?' 　라는 생각이 드는 학생들도 납득 가능하고 감탄할만한 문제접근법을 제시해주는 수업
정규반 시즌3 (6~7월)	- 상위권 대학의 합격 당락을 가르는 고난도 주제들을 총정리하는 수업 - 아래 학교의 수리논술 합격을 바라는 학생들이라면 강추 　(메디컬, 고려, 연세, 한양, 서강, 서울시립, 경희, 이화, 숙명, 세종, 서울과기대, 인하)
선택과목 특강 (선택확통+선택기하)	- 수능/내신의 빈출 Point와의 괴리감이 제일 큰 두 과목인 확통/기하의 내용을 철저히 수리 　논술 빈출 Point에 맞게 피팅하여 다루는 Compact 강의 (영상수강 전용 강의) - 총 6강 (확통/기하 3강씩) 으로 구성된 실전+심화 수업 (교과서 개념 선제적 학습 필요) - 상위권 학교 지원자들은 꼭 알아야 하는 필수내용 / 6월 또는 7월 내로 완강 추천
Semi Final (8월)	- 본인에게 유리한 출제 스타일인 학교를 탐색하여 원서지원부터 이기고 들어갈 수 있도록 　태어난 새로운 수업 (모든 대학을 출제유형별로 A그룹~D그룹으로 분류 후 분석) - 최신기출 (작년 기출+올해 모의) 중 주요문항 선별 통해 주요대학 최근출제경향 파악
고난도 문제풀이반 For 메디컬/고/연/서성한시	- 2월~8월 사이 배운 모든 수리논술 실전개념들을 고난도 문제에 적용해보는 수업 - 전형적인 고난도 문제부터 출제될 시 경쟁자와 차별될 수 있는 창의적 신유형 문제까지 다양 　하게 만나볼 수 있는 수업
학교별 Final (수능전 / 수능후)	- 학교별로 고유 출제스타일에 맞는 문제들만 정조준하여 분석하는 Final 수업 - 빈출주제 특강 + 예상문제 모의고사 응시 후 해설 & 첨삭 - 고승률 문제접근 Tip을 파악하기 쉽도록 기출선별자료집 제공 (학교별 상이)
첨삭	수업형태 (현장강의 수강, 온라인 수강) 상관없이 모든 학생들에게 첨삭이 제공됩니다. 1차 서면첨삭 후 학생이 첨삭내용을 제대로 이해했는지 확인하기 위해, 답안을 재작성하여 2차 대면첨삭영상을 추가로 제공받을 수 있습니다. 이를 통해 학생은 6~10번 이내에 합격급으로 논리적인 답안을 쓸 수 있게 되며, 이후에는 문 제풀이 Idea 흡수에 매진하면 됩니다.

* 자세한 안내사항은 아래 QR코드 참고

CHAPTER

2

적분의 활용

2-1

적분 기본기 연습

1. 2편 적분 Part 학습/복습 필요성 Test

본 교재 시리즈 2편의 적분 Part에서 수리논술을 위한 적분 기본기를 다뤘었다. 이 교재에서 고급 적분을 다루기 앞서서 수리논술을 위한 적분 기본기를 Test 해보자. 점수가 낮은 문제는 고난도 적분문제[12]이며 점수가 높은 문제는 논술 필수 적분문제로, 문제풀이 접근 Idea가 2편에 대부분 수록돼있는 문제들이다.
총 점수가 낮을수록 논술 적분 기본기가 부족하다고 판단할 수 있다.

다음 9문제를 풀어보고 채점해보면 되며, 점수에 따른 교재 2편의 적분 Part 학습(또는 복습) 권장도는 다음과 같다.

24점 이하:학습필수, 복습선택 / 25점~27점:학습권고, 복습선택 (만점 33점) / 정답 및 간단해설은 해설집 참고

| 1. (5점)

$$\int_0^1 \frac{1}{x^2 - 2x + 2} dx$$

| 2. (4점)

$$\int e^{\sqrt{x}} dx$$

| 3. (4점)

$$\int \frac{1}{e^x + 1} dx$$

| 4. (4점)

$$\int_0^{\sqrt{3}} \frac{x^2}{\sqrt{4 - x^2}} dx$$

| 5. (4점)

$$\int \sin^5 x \, dx$$

| 6. (4점)

$$\int \sin \sqrt{x} \, dx$$

| 7. (3점)

$$\int_0^{\frac{\pi}{2}} \sqrt{1 + \sin x} \, dx$$

| 8. (3점)

$$\int_\alpha^\beta (x - \alpha)^m (\beta - x)^n dx$$를 m, n에 대하여 나타내시오.

(단, m과 n은 자연수이다.)

| 9. (2점)

$$\int_0^{\frac{\pi}{4}} \frac{1}{\sin^2 x - 4\cos^2 x} dx$$

---

12) 안배워서 못푸는 것이 아닌, 배웠어도 어려워서 못풀 가능성이 있는 문제이기 때문에 낮은 배점

2-2

수리논술 전용 적분 테크닉

설명은 "2편에서 다양한 기본 치환적분에 대해 배웠었다. 이번 3편에서 배울 치환적분은 고난도 케이스에서 적용가능한 고급 치환적분이다." 라고 하겠지만, 결국 우리가 배운 건 단 하나, 치환적분 뿐이다.
'왜 이렇게 치환하면 풀리는가?' 에 대한 아이디어만 흡수하면 된다.

1. 매개변수 치환적분 1 – 문제 조건에 알맞은 녀석으로 알잘딱깔센[13] 치환적분

함수 $y = f(x)$ 위의 점 (x, y)을 매개변수 t에 대하여 $(x, y) = (g_1(t), g_2(t))$로 굳이 표현하는 문제들은 대부분은 $f(x)$ 식의 형태 자체를 모르기 때문에 매개변수로 점을 표현하는 경우가 대부분이다.[14]

그런데 이런 문제에서 $\int f(x)dx$를 구하라고 하면 당황스럽다. $f(x)$ 식을 쓸 수 조차 없는데 적분하라고???

이런 문제에서 사용하는 치환적분이 매개변수 치환적분이다. $x = g_1(t)$로 치환적분해보면
$\int f(x)dx = \int f(g_1(t)) \times g_1{}'(t)dt = \int g_2(t) \times g_1{}'(t)dt$과 같이 조작이 되므로, 적어낼 수 있는 함수 $g_2(t) \times g_1{}'(t)$ 를 적분하는 문제로 바뀌게 되는 것이다.

예제 1

★★★☆☆   2024 세종대 모의 + 추가문항

실수 전체의 집합에서 정의된 함수 $y = f(x)$에 대하여

$$e^{x+y} + y - x = 0$$

가 만족한다. 아래 [1] ~ [2] 에 대하여 서술하시오.

[1] $x + y = t$라 할 때, 곡선 $y = f(x)$ 위의 점을 $(x, y) = \left(\dfrac{t + e^t}{2}, g(t) \right)$ 로 표현할 수 있다.

함수 $g(t)$를 구하시오.

[2] $\displaystyle\int_1^{1+e} f\left(\dfrac{s}{2} \right)ds$ 의 값을 구하시오.

---

13) "알아서 잘 딱 깔끔하게 센스있게"

14) ex. $e^{x+f(x)} + f(x) - x = 0$인 함수 $f(x)$는 우리가 구해낼 수 없다.

TIP

함수 $f(x) = \dfrac{1}{\sqrt{1-x^2}}$ 에 대하여 $x = \sin t$면 $y = f(x) = f(\sin t) = \dfrac{1}{\cos t}$ 이므로 $(x, y) = (\sin t, \sec t)$로

표현되는 매개변수곡선이기 때문에 $\displaystyle\int \dfrac{1}{\sqrt{1-x^2}} dx$를 구하는 방법으로 $x = \sin t$ 치환이 쓰였다고 생각할 수 있다.

즉, 2편에서 배웠던 삼각치환적분이 사실 매개변수 치환적분과 뿌리를 같이한다는 것을 확인할 수 있었다.

2. 매개변수 치환적분 2 – 바이어슈트라스 치환

앞서 소개한 매개변수 치환적분은 앞 소문항들을 잘 빌드업하여 출제하면 언제든 출제될 수 있으나,
이번에 소개할 매개변수 치환적분은 '유명 스킬' 이기 때문에 최신 수리논술에선 지양될만한 내용이긴 하다.

하지만 방향만 알면 그 속 내용은 전부 교과내이기 때문에, 구경만 하고 지나가자.

강조한다. 다른 내용들과는 다르게, 깊숙하게 학습/암기할 필요는 없다.

| 바이어슈트라스 치환

$\tan\left(\dfrac{\alpha}{2}\right) = t$라 하면 $\cos\alpha = \dfrac{1-t^2}{1+t^2}$, $\sin\alpha = \dfrac{2t}{1+t^2}$, $\tan\alpha = \dfrac{2t}{1-t^2}$ 이고 $d\alpha = \dfrac{2}{1+t^2} dt$ 이다.

증명

$-\pi < \alpha < \pi$에 대하여 $\tan\left(\dfrac{\alpha}{2}\right) = t$라 하자. $1 + \tan^2\left(\dfrac{\alpha}{2}\right) = \sec^2\left(\dfrac{\alpha}{2}\right) = \dfrac{1}{\cos^2\left(\dfrac{\alpha}{2}\right)}$ 에서

$\cos\left(\dfrac{\alpha}{2}\right) = \dfrac{1}{\sqrt{1+t^2}}$ 이고, $\tan\left(\dfrac{\alpha}{2}\right) \times \cos\left(\dfrac{\alpha}{2}\right) = \sin\left(\dfrac{\alpha}{2}\right)$ 이므로 $\sin\left(\dfrac{\alpha}{2}\right) = \dfrac{t}{\sqrt{1+t^2}}$ 이다.

한편 두배각공식에 의하여 $\cos\alpha = 2 \times \left(\dfrac{1}{\sqrt{1+t^2}}\right)^2 - 1 = \dfrac{1-t^2}{1+t^2}$, $\sin\alpha = 2 \times \dfrac{1}{\sqrt{1+t^2}} \times \dfrac{t}{\sqrt{1+t^2}} = \dfrac{2t}{1+t^2}$

임을 알 수 있다. 또한 $\tan\left(\dfrac{\alpha}{2}\right) = t$로부터 양변을 미분하면 $\dfrac{1}{2}\sec^2\left(\dfrac{\alpha}{2}\right) d\alpha = dt$, $d\alpha = \dfrac{2}{\sec^2\left(\dfrac{\alpha}{2}\right)} dt = \dfrac{2}{1+t^2} dt$

임을 알 수 있다.[15]

예제 2 ★★☆☆☆ 유명예제

$\displaystyle\int_{-\frac{\pi}{3}}^{\frac{\pi}{3}} \dfrac{1}{\cos x + \sin x + 1} dx$를 구하시오.

---

15) 'e^x, $\sqrt{x}$ 뿐만 아니라 $\tan x$도 무지성 치환적분이 가능하다.'라 했던 2편에서의 학습이 이어지면 좋겠다.

2-3 Chapter 2. 적분의 활용
적분의 활용

1. 정적분과 급수 사이의 관계

함수 $f(x)$ 가 닫힌구간 $[a, b]$ 에서 연속이면 다음 등식이 성립한다.

$$\lim_{n \to \infty} \sum_{k=1}^{n} f\left(a + \frac{b-a}{n}k\right) \times \frac{b-a}{n} = \int_0^1 f(a + (b-a)x) \times (b-a)dx$$
$$= \int_a^b f(x)\,dx$$

적분구간은 무조건 $[0, 1]$, $\frac{k}{n}$ 과 $\frac{1}{n}$ 은 각각 x, dx 로 바꿔주면 적분식으로 손쉽게 바꿀 수 있으며,

그 이후 계산은 치환적분을 이용하면 된다.

예제 3 ★★☆☆☆ 2021 중앙대

다음 극한값을 구하시오.

$$\lim_{n \to \infty} \frac{(\sqrt{n}+1)^4 + (\sqrt{n}+2)^4 + (\sqrt{n}+3)^4 + \ldots + (\sqrt{n}+n)^4}{(n+1)^4 + (n+2)^4 + (n+3)^4 + \ldots + (n+n)^4}$$

연습지

제시문 일부

[다] 수열 $\{a_n\}$, $\{b_n\}$ 이 수렴하고 $\lim\limits_{n\to\infty} a_n = \lim\limits_{n\to\infty} b_n = \alpha$ 일 때, 수열 $\{c_n\}$ 이 모든 자연수 n 에 대하여

$a_n \le c_n \le b_n$ 을 만족하면 $\lim\limits_{n\to\infty} c_n = \alpha$ 이다.

[라] 함수 $f(x)$ 가 닫힌구간 $[a, b]$ 에서 연속이면 다음 등식이 성립한다.

$$\lim_{n\to\infty} \sum_{k=1}^{n} f(x_k)\, \Delta x = \int_{a}^{b} f(x)\, dx \quad (\text{단},\ \Delta x = \frac{b-a}{n},\ x_k = a + k\,\Delta x)$$

수열 $\{a_n\}$ 이 모든 자연수 n 에 대하여 $a_n > 0$, $\lim\limits_{n\to\infty} a_n = 0$ 이다. 극한값 $\lim\limits_{n\to\infty} \dfrac{1}{n} \sum\limits_{k=1}^{n} \sqrt{\dfrac{k}{n} + a_n}$ 을 구하시오.

연습지

 TIP

$\lim\limits_{n\to\infty} a_n = 0$ 이므로, 대충 a_n 날리고 $\lim\limits_{n\to\infty} \dfrac{1}{n} \sum\limits_{k=1}^{n} \sqrt{\dfrac{k}{n} + a_n} = \lim\limits_{n\to\infty} \dfrac{1}{n} \sum\limits_{k=1}^{n} \sqrt{\dfrac{k}{n}}$ 로 계산하면 안될까??

란 생각을 할 수 있는데, 이는 수리논술에서 치명적인 감점이 되므로 주의하자.[16]

극한은 항상 한 번에, 동시에 보내주는 것이다. 일부만 미리 보내는 실수를 하지 말 것.

---

16) 당연히 수능, 내신 등에서도 저격하려면 저격할 수 있는 포인트이다. 틀려본 기억이 없어서 경각심이 없을 뿐, 오개념은 영원한 오개념.

계산할 수 없는 시그마의 범위를 구할 때, 그래프의 도움을 받는 경우[17]가 있다.

예를 들어 $\displaystyle\sum_{k=4}^{100} \frac{1}{\sqrt{k}}$ 의 값의 정수부분을 찾는 문제가 있다고 하자.[18]

$\displaystyle\sum_{k=4}^{100} \frac{1}{\sqrt{k}} = \frac{1}{\sqrt{4}} + \frac{1}{\sqrt{5}} + \cdots + \frac{1}{\sqrt{100}}$ 을 직접 계산할 수 있는 방법은 없으므로,

이 문제는 $\displaystyle n \leq \sum_{k=4}^{100} \frac{1}{\sqrt{k}} < n+1$ 을 만족시키는 자연수 n 을 찾는 것을 목표로 삼아보자.

함수 $y = \dfrac{1}{\sqrt{x}}$ 를 생각하면, $\displaystyle\sum_{k=4}^{100} \frac{1}{\sqrt{k}}$ 을 직사각형 넓이의 합으로 표현하는 두 가지 방법을 생각해볼 수 있다.

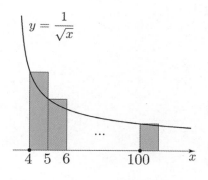 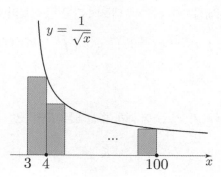

앞 그림의 직사각형 넓이의 합은 곡선 $y = f(x)$ 의 구간 $[4, 100]$ 에서의 밑면적 $\displaystyle\int_4^{100} \frac{1}{\sqrt{x}} dx$ 보다 크고,

뒷 그림의 직사각형 넓이의 합은 곡선 $y = f(x)$ 의 구간 $[3, 100]$ 에서의 밑면적 $\displaystyle\int_3^{100} \frac{1}{\sqrt{x}} dx$ 보다 작다. 따라서

$$16 = \int_4^{100} \frac{1}{\sqrt{x}} dx \leq \sum_{k=4}^{100} \frac{1}{\sqrt{k}} \leq \int_3^{100} \frac{1}{\sqrt{x}} dx = 20 - 2\sqrt{3} < 17$$

이므로 정답은 16이다.

✅ **TIP**

물론 $\displaystyle\int_3^{100} \frac{1}{\sqrt{x}} dx$ 이나 $\displaystyle\int_4^{100} \frac{1}{\sqrt{x}} dx$ 가 아닌 값들로도 $\displaystyle\sum_{k=4}^{100} \frac{1}{\sqrt{k}}$ 의 범위를 정할 수 있지만,

$\sqrt{x}$ 안에 제곱수가 들어가야 계산이 깔끔하므로 저 두 적분값으로 $\displaystyle\sum_{k=4}^{100} \frac{1}{\sqrt{k}}$ 의 범위를 정한 것이다.

이렇게 적절한 값으로 조이는 것은 문제풀이 경험에서 얻어지므로, 해당 유형의 많은 문제를 접해보도록 하자.

---

17) 그래프 답안보다 수식적 답안을 강조했지만, 증가/감소함수 혹은 아래/위로 볼록 함수 같이 '너무 자명한 상황의 도식화' 같은 경우 는 만점답안으로 충분히 인정된다.

18) 과거 한양대, 이화여대 기출소재

대칭의 성질에 의하여 적분 계산이 매우 간편해질 수 있기 때문에,
피적분함수에서 선대칭함수 Part나 점대칭함수 Part에 대하여 파악하는 것은 매우 중요한 능력이다.

| 선대칭함수의 관계식

직선 $x = a$에 대한 선대칭함수 $f(x)$에 대하여 다음 두 성질이 성립한다.

$$f(a+x) = f(a-x) \quad \& \quad \int_{a-t}^{a+t} f(x)dx = 2\int_{a}^{a+t} f(x)dx$$

| 점대칭함수의 관계식

점 (a, b)에 대한 점대칭함수 $g(x)$에 대하여 다음 두 성질이 성립한다.

$$g(a+x) + g(a-x) = 2b \quad \& \quad \int_{a-t}^{a+t} g(x)dx = b \times 2t$$

| 선대칭 x 선대칭

두 함수 $f_1(x)$, $f_2(x)$가 $x = a$에 대하여 선대칭이라 하면, 각각

$$f_1(a+x) = f_1(a-x) \quad \& \quad f_2(a+x) = f_2(a-x)$$

을 만족시킨다. 두 식을 곱하면 $f_1(a+x)f_2(a+x) = f_1(a-x)f_2(a-x)$ 이므로

$$f_3(a+x) = f_3(a-x) \ (단, f_1(x)f_2(x) = f_3(x))$$

이다. 결론을 종합하면, 같은 직선 $x = a$에 대하여 선대칭인 두 함수의 곱은 선대칭함수를 이룬다.

| 점대칭 x 점대칭 : 각각 (a, b), (a, c)에 대한 점대칭함수일 때

$g_1(a+x) + g_1(a-x) = 2b$와 $g_2(a+x) + g_2(a-x) = 2c$가 만족한다고 하고 $g_1(x)g_2(x) = g_3(x)$라 하자.
두 번째 식의 양변에 $g_1(a+x)$를 곱하면

$$g_1(a+x)g_2(a+x) + (2b - g_1(a-x))g_2(a-x) = 2cg_1(a+x)$$

이고, 이를 잘 정리하면

$$g_3(a+x) - g_3(a-x) = 2cg_1(a+x) - 2bg_2(a-x)$$

임을 알 수 있다. 현재 형태로는 이 식은 의미가 없는 식인데, <u>만약 $2cg_1(a+x) - 2bg_2(a-x) = 0$이면</u>
$g_3(a+x) - g_3(a-x) = 0$, 즉 $x = a$에 대한 선대칭 함수일 때의 관계식이 된다.
(이러기 위한 제일 대표적인 경우는 $b = c = 0$일 때이다.[19])

결론을 종합하면, 일반적으로 점대칭함수의 곱은 아무 의미가 없을 가능성이 높다. 하지만

두 점대칭함수의 대칭점이 x축 위에 있는 점 $(a, 0)$으로 같으면, 두 함수의 곱은 선대칭함수를 이룬다.

---

19) 다른 경우에도 $2cg_1(a+x) - 2bg_2(a-x) = 0$인 경우가 있을 수 있겠지만, 대표 케이스만 알아두도록 하자.

함수 $f(x)$가 $x = a$에 대하여 선대칭, 함수 $g(x)$가 점 (a, b)에 대하여 점대칭이라 하면 각각

$$f(a+x) = f(a-x) \qquad \& \qquad g(a+x) + g(a-x) = 2b$$

을 만족시킨다. $g(a+x) + g(a-x) = 2b$ 의 양변에 $f(a+x)$를 곱하면

$$f(a+x)g(a+x) + f(a+x)g(a-x) = 2bf(a+x)$$

인데, 대칭성에 의하여 $f(a+x) = f(a-x)$이므로, 이를 윗 식에 대입하면

$$f(a+x)g(a+x) + f(a-x)g(a-x) = 2bf(a+x)$$

이고, $f(x)g(x) = h(x)$ 라 하면

$$h(a+x) + h(a-x) = 2bf(a+x)$$

임을 알 수 있다. 현재 형태로는 이 식은 의미가 없는 식인데, 만약 $b = 0$이면 $h(a+x) + h(a-x) = 0$이 된다. 이는 $h(x)$가 점 $(a, 0)$에 대하여 점대칭 함수일 때의 관계식이 된다.

결론을 종합하면, 일반적으로 선대칭함수와 점대칭함수의 곱은 아무 의미가 없을 가능성이 높다. 하지만 점대칭함수의 대칭점이 x축 위의 점이면, 두 함수의 곱은 점대칭함수를 이룬다.

예제 5　　　　　　　　　　　　　　★★★☆☆　　　적용문제

$f'(2) = 1$을 만족시키는 이차함수 $f(x)$에 대하여 $\displaystyle\int_{2-\pi}^{2+\pi} f(x)\sin\left(\frac{x-2}{2}\right)dx$의 값은 항상 일정함을 보이고, 그 값을 구하여라.

연습지

제시문

(가) 함수 $f : X \to Y$가 일대일 대응일 때 다음 두 성질이 성립한다.

　　　　(1) f의 역함수 $f^{-1} : Y \to X$가 존재한다.

　　　　(2) $y = f(x) \Leftrightarrow x = f^{-1}(y)$

(나) 미분가능한 함수 $t = g(x)$의 도함수 $g'(x)$가 닫힌 구간 $[\alpha, \beta]$에서 연속이고, 함수 $f(t)$가 닫힌 구간 $[a, b]$에서 연속일 때, $g(\alpha) = a$, $g(\beta) = b$이면

$$\int_{\alpha}^{\beta} f(g(x))g'(x)dx = \int_{a}^{b} f(t)dt$$

　　이다.

실수 전체의 집합에서 미분가능한 함수 $f(x)$는 다음 조건을 만족시킨다.

(a) 함수 $f(x)$는 미분가능한 역함수 $f^{-1}(x)$를 갖는다.

(b) 모든 실수 x에 대하여
$$f(x+2) = f(x)+2, \quad f(x) = -f(-x)$$
　　이다.

(c) 실수 a에 대하여 $f(a) = a$이면 a는 정수이다.

(d) $\displaystyle\int_{0}^{1} f(x)dx = \dfrac{2}{3}$

함수 $g(x) = f(x) - f^{-1}(x)$에 대하여 다음 물음에 답하시오.

[1] $\displaystyle\int_{0}^{1} g(x)dx$의 값을 구하시오.

[2] 모든 실수 x에 대하여 $g(x+1) + g(1-x) = 0$이 성립함을 증명하시오.

[3] 닫힌구간 $[0, 1]$에서 방정식 $g(x) = 0$을 만족시키는 모든 실근의 개수는 두 개임을 증명하시오.

[4] $\displaystyle\int_{1}^{20} x^2 |g(x)| dx - \int_{0}^{1} (19x^2 - 40x + 40)g(x) dx$의 값을 구하시오.

미분가능한 함수 $f(x)$에 대하여 점 $(a, f(a))$과 점 $(b, f(b))$ 사이의 곡선 $y = f(x)$의 길이 l은 다음과 같다.

$$l = \int_a^b \sqrt{1 + \{f'(x)\}^2} \, dx \text{ (단, } a < b)$$

수능에서는 적분이 쉽게 되는 함수들로만 출제됐었지만, 본디 이 형태는 쉽게 적분할 수 없는 형태이다.

따라서 평균값의 정리를 활용한다던가, 피적분함수의 형태를 바꾼다던가 등의 여러 방법들을 동원하여 위 적분값의 범위를 구하는 고급스킬이 자주 사용된다. 예를 들면,

$\sqrt{1 + \{f'(x)\}^2} > \sqrt{0 + \{f'(x)\}^2}$ 이므로 $l = \int_a^b \sqrt{1 + \{f'(x)\}^2} \, dx > \int_a^b |f'(x)| \, dx$ 으로 조일 수도 있고,

$\sqrt{1 + \{f'(x)\}^2}$ 의 최댓값 M, 최솟값 m을 찾아서 $(b-a)m < \int_a^b \sqrt{1 + \{f'(x)\}^2} \, dx < (b-a)M$ 으로 조일 수 있다.

너무 많은 방법이 있기 때문에, 문제의 제시문과 앞의 소문항들을 이용하여 최선의 길을 찾는 것이 우리가 할 수 있는 Best임을 명심하자. 다음 예제에서 적용 예시를 봐보자. (문제가 약간 어려울 수 있지만 좋은 문제.)

예제 7 ★★★★☆ 2023 부산대

제시문

(가) $x = a$ 에서 $x = b$ 까지의 곡선 $y = f(x)$ 의 길이 l은 다음과 같다.
$$l = \int_a^b \sqrt{1 + \{f'(x)\}^2} \, dx$$

(나) 세 함수 $f(x)$, $g(x)$, $h(x)$ 와 a 에 가까운 모든 실수 x 에 대하여 다음이 성립한다.
$f(x) \leq h(x) \leq g(x)$ 이고 $\lim_{x \to a} f(x) = \lim_{x \to a} g(x) = L$ 이면 $\lim_{x \to a} h(x) = L$

(다) 닫힌구간 $[a, b]$ 에서 증가하는 연속함수 $f(x)$ 에 대하여 다음이 성립한다.
$$(b-a)f(a) < \int_a^b f(x) \, dx < (b-a)f(b)$$

양의 실수 전체의 집합에서 정의된 미분가능한 함수 $p(t)$가 다음 조건을 만족시킨다.

(i) $t < p(t)$
(ii) $x = t$에서 $x = p(t)$까지의 곡선 $y = x^2$의 길이는 1이다.

[1] $\lim_{t \to \infty} \{p(t) - t\} = 0$ 임을 보이시오.

[2] $\lim_{t \to \infty} t \{p(t) - t\}$ 의 값을 구하시오.

[3] $\lim_{t \to \infty} t^2 \{1 - (p'(t))^2\}$ 의 값을 구하시오.

실전논제 풀어보기

| 논제 해설 위치

논제에 대한 해설은 해설집의 '예제 해설 모음' 뒤에 있는 '논제 해설 모음'에 있습니다.

| 답안지 Box의 점선 줄 활용법

ⓐ 점선 줄 위에서부터 답안의 첫 두 줄을 시작해서, 이 줄에 맞춰서 아래 답안들도 줄이 삐뚤어지지 않도록 맞춰 써보세요.
　읽기 편한 글씨와 줄 맞춰 쓰기는 채점자에게 좋은 인상을 줄 수 있는 기본기입니다 :)

ⓑ 줄 맞춰 쓸 연습이 필요 없다면, 이 문제에 쓰이는 필수 Idea를 필기하는 공간으로 활용하세요.

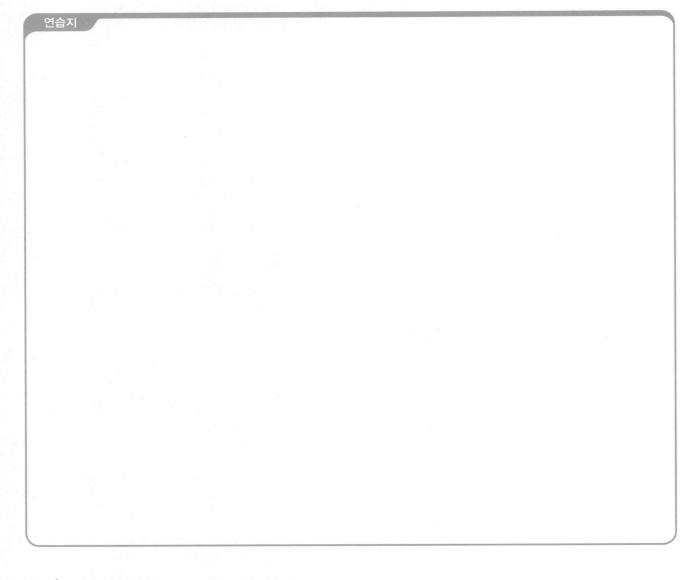

논제 6　　　　　　　　★★☆☆☆　　　　연습문제

$\lim\limits_{n \to \infty} \left(\dfrac{_{3n}\mathrm{C}_n}{_{2n}\mathrm{C}_n} \right)^{\frac{1}{n}}$ 의 값을 구하시오.

연습지

[1] 정적분 $\displaystyle\int_{-1}^{2}|\cos(\pi x)|\,dx$ 의 값을 구하고, 그 이유를 논하시오.

[2] 함수 $y=f(x)$ 가 $f(0)=0$ 이고 모든 x 에 대하여 $f'(x)=|\cos(\pi x)|$ 을 만족할 때,

$\displaystyle\int_{-1}^{2}f(x)\,dx$ 의 값을 구하고 그 이유를 논하시오.

모든 자연수 n 에 대하여 다음 부등식이 성립함을 보여라.

$$\sum_{k=1}^{n}\left\{\frac{1}{k+1}+\frac{1}{2(k+1)^2}\right\} \leq \ln(n+1) \leq \sum_{k=1}^{n}\frac{1}{2}\left(\frac{1}{k}+\frac{1}{k+1}\right)$$

연습지

제시문

(가) 함수 $f(x)$ 가 임의의 세 실수 a, b, c 를 포함하는 구간에서 연속일 때 다음이 성립한다.
$$\int_a^c f(x)\,dx + \int_c^b f(x)\,dx = \int_a^b f(x)\,dx$$

(나) 닫힌구간 $[a,b]$ 에서 증가하는 연속함수 $f(x)$ 에 대하여 다음이 성립한다.
$$(b-a)f(a) < \int_a^b f(x)\,dx < (b-a)f(b)$$

[1] 함수 $f(x) = x^n e^{1-x}$ 에 대하여 방정식 $f''(x) = 0$ 의 0 이 아닌 두 실근을 α, β 라 하자.

$\lim\limits_{n \to \infty} \left\{ \dfrac{_{4n}\mathrm{P}_{2n}}{f(\alpha)\,f(\beta)} \right\}^{\frac{1}{n}}$ 의 값을 구하시오.

[2] $x \geq 0$ 에서 부등식 $x^n e^{1-x} \leq n!$ 이 성립함을 보이시오.

연습지

두 함수 $f(x) = \dfrac{\sin x}{x}$, $g(x) = \dfrac{\cos x}{x}$ 에 대하여 $f(x) = g(x)$ 를 만족시키는 모든 양의 실수 x 의 값을 작은 수부터 크기순으로 나열하여 $a_1, a_2, a_3, \cdots$ 이라 하자. 다음 물음에 답하시오.

[1] $a_{10} - a_2$ 의 값을 구하시오.

[2] $\displaystyle\lim_{n \to \infty} \dfrac{1}{\ln n} \sum_{k=1}^{n} \dfrac{1}{a_k}$ 의 값을 구하시오.

[3] 자연수 n 에 대하여

$$A_n = \left| \int_{a_n}^{a_{n+1}} \{f(x) - g(x)\}dx \right|$$

라 할 때, $\displaystyle\lim_{n \to \infty} \dfrac{1}{\ln n} \sum_{k=1}^{n} A_k$ 의 값을 구하시오.

Show and **P**rove

기대T 수리논술 수업 상세안내

수업명	수업 상세안내 (지난 수업 영상수강 가능)
정규반 프리시즌 (2월)	– 수리논술만의 특징인 '답안작성 능력'과 '증명 능력'을 향상시키는 수업 – 수험생은 물론 강사들도 가진 '증명구조 오개념'을 확실히 타파해주는 수학전공자의 수업 – '뭐든 적어내면 부분점수'는 옛말! 단계별 채점원리 및 정제된 논리 전개법 전수
정규반 시즌1 (3월)	– 수능/내신 공부와 다른 수리논술 공부의 결 & 방향성을 잡아주는 수업 – 삼각함수 & 수열의 콜라보 등 논술형 발전성을 체감해볼 수 있는 실전 내용 수업
정규반 시즌2 (4~5월)	– 수리논술에서 60% 이상의 비중을 차지하는 수리논술용 미적분을 집중 해석하는 수업 – 수리논술에도 존재하는 행동영역을 통해 고난도 문제의 체감 난이도를 낮춰주는 수업 – 대학의 모범답안을 보고도 '이런 아이디어를 내가 어떻게 생각해내지?' 　라는 생각이 드는 학생들도 납득 가능하고 감탄할만한 문제접근법을 제시해주는 수업
정규반 시즌3 (6~7월)	– 상위권 대학의 합격 당락을 가르는 고난도 주제들을 총정리하는 수업 – 아래 학교의 수리논술 합격을 바라는 학생들이라면 강추 　(메디컬, 고려, 연세, 한양, 서강, 서울시립, 경희, 이화, 숙명, 세종, 서울과기대, 인하)
선택과목 특강 (선택확통+선택기하)	– 수능/내신의 빈출 Point와의 괴리감이 제일 큰 두 과목인 확통/기하의 내용을 철저히 수리 　논술 빈출 Point에 맞게 피팅하여 다루는 Compact 강의 (영상수강 전용 강의) – 총 6강 (확통/기하 3강씩) 으로 구성된 실전+심화 수업 (교과서 개념 선제적 학습 필요) – 상위권 학교 지원자들은 꼭 알아야 하는 필수내용 / 6월 또는 7월 내로 완강 추천
Semi Final (8월)	– 본인에게 유리한 출제 스타일인 학교를 탐색하여 원서지원부터 이기고 들어갈 수 있도록 　태어난 새로운 수업 (모든 대학을 출제유형별로 A그룹~D그룹으로 분류 후 분석) – 최신기출 (작년 기출+올해 모의) 중 주요문항 선별 통해 주요대학 최근출제경향 파악
고난도 문제풀이반 For 메디컬/고/연/서성한시	– 2월~8월 사이 배운 모든 수리논술 실전개념들을 고난도 문제에 적용해보는 수업 – 전형적인 고난도 문제부터 출제될 시 경쟁자와 차별될 수 있는 창의적 신유형 문제까지 다양 　하게 만나볼 수 있는 수업
학교별 Final (수능전 / 수능후)	– 학교별로 고유 출제스타일에 맞는 문제들만 정조준하여 분석하는 Final 수업 – 빈출주제 특강 + 예상문제 모의고사 응시 후 해설 & 첨삭 – 고승률 문제접근 Tip을 파악하기 쉽도록 기출선별자료집 제공 (학교별 상이)
첨삭	수업형태 (현장강의 수강, 온라인 수강) 상관없이 모든 학생들에게 첨삭이 제공됩니다. 1차 서면첨삭 후 학생이 첨삭내용을 제대로 이해했는지 확인하기 위해, 답안을 재작성하여 2차 대면첨삭영상을 추가로 제공받을 수 있습니다. 이를 통해 학생은 6~10번 이내에 합격급으로 논리적인 답안을 쓸 수 있게 되며, 이후에는 문 제풀이 Idea 흡수에 매진하면 됩니다.

* 자세한 안내사항은 아래 QR코드 참고

CHAPTER

3

Advanced 미적분

함수방정식

x에 대한 방정식은 x를 구하는 식, t에 대한 방정식은 t를 구하는 식이다. 그러면 함수방정식은??
말 그대로 함수를 구하는 방정식이다.

1. 조건식에 대입해서 함수 또는 원하는 값 찾아내기 : 대칭관계 파악 후 대입

2021 중앙대 문제를 예로 들어 알아보자.

| 2021 중앙대 문제

> 닫힌구간 $[0, 1]$에서 정의된 함수 $f(x)$가 다음 식을 만족한다.
> $$2f(\cos x) + f(\sin x) = 3\sin x \cos x$$
> $f(x)$를 구하시오.

위 문제를 풀기 위해 준식에 $x = \dfrac{\pi}{2} - x$를 대입하면, 삼각함수 성질에 의하여
$$2f(\sin x) + f(\cos x) = 3\cos x \sin x$$
임을 알 수 있다.

이를 준식과 연립하면 $f(\sin x)$나 $f(\cos x)$를 구할 수 있다. 이후 치환을 통해 $f(x) = x\sqrt{1-x^2}$ 까지 알 수 있다.

즉, 문제에 쓰이는 요소들 (ex. $f(\cos x)$, $f(\sin x)$)를 유지하면서 식의 대칭성을 뒤틂으로써 연립을 통해 함수를 직접 구할 수 있었다.

예제 1   ★★☆☆☆   2021 중앙대

닫힌구간 $[0,\ 20]$에서 정의된 함수 $f(x)$가 다음 식을 만족한다.
$$f(20-x) = \sqrt{-x^2 + 20x - 2(f(x))^2}$$
이때, 정적분 $\displaystyle\int_0^{10} xf(x)dx$의 값을 구하시오.

연습지

함수 식 그 자체가 아닌 문제에서 필요한 정보 (ex. 대칭성, 일부분에서의 함숫값 등등) 까지만 구해질 수 있으므로 함수 식을 꼭 전부 구해내야겠단 욕심은 버리도록 하자.

예제 2

★★★★☆   2021 연세대

실수 전체의 집합에서 정의된 연속함수 $g(x)$ 가 다음 조건을 만족시킬 때, 다음 물음에 답하시오.

(가) $g(2020) = 1$

(나) 임의의 실수 a, b 에 대하여 $g(a+b) + g(a-b) = 2g(a)\cos b\pi$ 이다.

[1] $\displaystyle\int_{-\frac{1}{2}}^{\frac{1}{2}} g(x)dx$ 의 값을 구하시오.

[2] $g\left(\dfrac{1}{3}\right)g\left(-\dfrac{1}{3}\right) = \dfrac{1}{10}$ 일 때, $\left\{g\left(\dfrac{1}{2}\right)\right\}^2$ 의 값을 구하시오.

연습지

3. 도함수의 정의를 활용하여 함수 구해내기

이번엔 도함수의 정의인 $\lim\limits_{y \to 0} \dfrac{f(x+y)-f(x)}{y} = f'(x)$ 를 이용하여 함수 $f(x)$ 를 구하는 방법이다.

이 때 '미분가능에 대한 조건'의 존재여부를 꼭 확인하자.

ⓐ 함수 $f(x)$ 가 미분가능한 함수란 조건이 있을 경우, $f'(x) = \lim\limits_{y \to 0} \dfrac{f(x+y)-f(x)}{y}$ 순으로 서술 가능하다.

우변 극한값의 존재성이 무조건 보장돼있는 상태이므로, 우변 극한만 풀면 된다.

ⓑ 함수 $f(x)$ 가 미분가능한 함수란 조건이 없을 경우, $\lim\limits_{y \to 0} \dfrac{f(x+y)-f(x)}{y}$ 를 조사하여 이 극한이 존재한다면 그 식을 $f'(x)$ 라고 주장해야한다.

ⓐ와 ⓑ 차이에 따른 답안작성순서에 유의하도록 하고, 만약 이 극한을 못 푸는 경우에는 함수방정식을 푸는 다른 방법을 모색해야 한다.

예제 3   ★★★☆☆   2021 경희대 메디컬

실수 전체의 집합에서 미분가능하며 양의 값을 가지는 함수 $f(x)$ 가 모든 실수 x, y 에 대하여

$$f(x+y) = f(x)f(y)e^{2xy}, \quad f'(0) = 0$$

을 만족시킬 때, 다음 물음에 답하시오.

[1] $f(x)$ 를 구하고, 그 근거를 논술하시오.

[2] 양의 실수 전체의 집합에서 미분가능한 함수 $g(x)$ 가 모든 실수 x 에 대하여

$$g'(f(x))f'(x) = 2x(1+2x^2)f(\sqrt{2}\,x), \quad g(1) = 0$$

을 만족시킨다. 이 때 $g(e)$ 의 값을 구하고, 그 근거를 논술하시오.

[3] 실수 전체의 집합에서 연속인 함수 $h(x)$ 가 $\displaystyle\int_0^x t f(x-t) h(x-t) dt = f(x) - 1$ 을 만족시킨다.

함수 $h(x)$ 를 구하시오.

내신문제에서 '$4f(x^2) = x^2f(2x)$를 만족시키는 다항함수 $f(x)$를 구하시오.' 와 같은 문제를 만난 기억이 있을 것이다.

일반적으로, $f(x) = ax^n + \cdots$로 두고 알맞은 a, n을 결정한 후 아래 항들을 결정시키는 방법이 일반적인 해법이다.

결국 다항함수에 대한 함수방정식을 푸는 핵심은 최고차항의 차수와 계수에 집중해서 푸는 것이다.

(참고로 저 문제의 정답은 $f(x) = x^2$이다.)

이것이 논술로 오면 어떻게 발전될 수 있을까?? 한양대 기출을 통해 봐보자.

물론, 이 문제는 유형화된 문제를 논술 문제로 발전시켰더니 괴물이 된 case이긴 하다. 이 정도 문제 이해할 수 있는 수준이면 이 유형은 충분히 연습이 됐다고 생각해도 무방하다.

예제 4　　　　　　　　　　　★★★★☆　　　2019 한양대

다음 조건을 만족하는 다항함수 $f(x)$를 생각하자.

$$\{f(xy)\}^2 = f(x^2)f(y^2)$$

[1] 위 조건을 만족하는 일차함수를 모두 찾으시오.

[2] 위 조건을 만족하는 $(k-1)$차 함수 $f(x)$에 대하여 $(k \geq 2)$
$ax^k + f(x)$ 꼴의 k차 함수가 위 조건을 만족시킬 수 있는지에 대해 설명하시오.

[3] 위 조건을 만족하고, $f(1) = 2019$인 상수함수가 아닌 다항함수 $f(x)$를 모두 찾으시오.

연습지

Chapter 3. Advanced 미적분

미분방정식

함수를 구하는 방정식에는 함수방정식 뿐만 아니라 미분방정식도 있다. 이 경우엔 적분을 통해 문제를 해결한다.
미분방정식 해법을 적용시킬 수 있는 대표적인 수능문제들을 이용하여 무엇을 미분방정식이라고 하는지 알아보자.

| 2019 수능 가형 21번

실수 전체의 집합에서 미분가능한 함수 $f(x)$가 다음 두 조건을 만족시킬 때, $f(-1)$의 값은?

(가) 모든 실수 x에 대하여 $2\{f(x)\}^2 f'(x) = \{f(2x+1)\}^2 f'(2x+1)$이다.

(나) $f\left(-\dfrac{1}{8}\right) = 1$, $f(6) = 2$

| 2016 수능 가형 30번 (과조건 삭제 버전)

실수 전체의 집합에서 연속인 함수 $f(x)$가 모든 실수 x에 대하여

$$f(x) = \int_0^x \sqrt{4 - 2f(t)}\, dt$$

를 만족할 때, $f(x)$를 구하시오.

$\{f(x)\}^3$을 미분하면 $3\{f(x)\}^2 f'(x)$, $\{f(2x+1)\}^3$을 미분하면 $6\{f(2x+1)\}^2 f'(2x+1)$ 임에 착안하여 문제를 풀어보자. 조건 (가)를 부정적분하면

$$\int 2\{f(x)\}^2 f'(x)\,dx = \int \{f(2x+1)\}^2 f'(2x+1)\,dx$$

$$\Leftrightarrow \frac{2}{3}\int 3\{f(x)\}^2 f'(x)\,dx = \frac{1}{6}\int 6\{f(2x+1)\}^2 f'(2x+1)\,dx$$

$$\Leftrightarrow \frac{2}{3}\{f(x)\}^3 = \frac{1}{6}\{f(2x+1)\}^3 + C' \Leftrightarrow 4\{f(x)\}^3 = \{f(2x+1)\}^3 + C \text{ 임을 알 수 있다.}$$

$x = -\dfrac{1}{8}$을 대입하면 $4 = \left\{f\left(\dfrac{3}{4}\right)\right\}^3 + C \cdots$ ㉠

$x = \dfrac{5}{2}$를 대입하면 $4\left\{f\left(\dfrac{5}{2}\right)\right\}^3 = 8 + C \cdots$ ㉡

$x = \dfrac{3}{4}$를 대입하면 $4\left\{f\left(\dfrac{3}{4}\right)\right\}^3 = \left\{f\left(\dfrac{5}{2}\right)\right\}^3 + C \cdots$ ㉢

㉠, ㉡을 ㉢에 대입하면 $C = \dfrac{8}{3}$임을 알 수 있다.

따라서 $4\{f(x)\}^3 = \{f(2x+1)\}^3 + \dfrac{8}{3}$ 이고 여기에 $x = -1$을 대입하면 $4\{f(-1)\}^3 = \{f(-1)\}^3 + \dfrac{8}{3}$,

$\{f(-1)\}^3 = \dfrac{8}{9}$ 이므로 $f(-1) = \dfrac{2}{\sqrt[3]{9}} = \dfrac{2\sqrt[3]{3}}{3}$ 이다.

| 2016 수능 가형 30번 해설

$x = 0$을 대입하면 $f(0) = 0$이고, 양변을 미분하면 $f'(x) = \sqrt{4 - 2f(x)}$ 이다.

한편 루트 안의 식이 양수여야 하므로 $4 - 2f(x) \geq 0$, $f(x) \leq 2$임을 알 수 있다.

(i) $f(x) = 2$일 때, $f'(x) = \sqrt{4-4} = 0$이다.

(ii) $f(x) < 2$일 때, $\dfrac{1}{\sqrt{4 - 2f(x)}} \times f'(x) = 1$의 양변을 적분하면

우변은 $x + C$ (C는 적분상수) 이며, 좌변은 $\displaystyle\int \dfrac{1}{\sqrt{4 - 2f(x)}} \times f'(x)\,dx = -\sqrt{4 - 2f(x)}$ 이므로

$4 - 2f(x) = (x + C)^2$ 이다. $f(0) = 0$이므로 $4 = C^2$, $C = \pm 2$임을 알 수 있다.

$C = 2$인 경우 $4 - 2f(-2) = (-2 + 2)^2 = 0$이므로 $f(-2) = 2$이다. 이는 case (i)에 의하여 $x \geq -2$에서 $f(x)$가 항상 $f'(x) = 0$, 즉 $f(x)$가 상수함수여야 함을 의미하지만, 이 경우 $f(0) = 2$가 되므로 $f(0) = 0$을 만족시키지 못한다. 따라서 $C = -2$이고, $4 - 2f(x) = (x - 2)^2$, $f(x) = -\dfrac{1}{2}(x - 2)^2 + 2$ 이다.

| 종합

어떤 원함수와 그 함수의 n계도함수 사이의 관계식이 있을 때, 관계식의 양변을 적분함으로써 원함수의 실제 식을 이끌어내야 하는 방정식을 '미분방정식' 이라고 이해해도 무방하다.

$f'(x) = f(x) \times h(x)$ 꼴일 때, $\dfrac{f'(x)}{f(x)} = h(x)$로 바꾼 후 양변 적분을 하면 $\ln f(x) = \displaystyle\int h(x)dx$,

즉 $f(x) = e^{\int h(x)dx}$임을 알 수 있다.[20)]

예제 5 ★★★☆☆ 2018 인하대

실수 전체 집합에서 미분가능한 함수 $f(x)$는 $f(x) > 0$이고 $f'(x) = -\dfrac{x}{2}f(x)$를 만족한다.

함수 $f(x)$는 1을 극댓값으로 갖는다.

[1] 함수 $f(x)$를 구하시오.

[2] 아래 성질을 이용하여 부등식 $\displaystyle\int_1^2 x^2 f(x)dx < \dfrac{7}{3\sqrt[4]{e}}$ 이 성립함을 보이시오.

> 함수 $h(x)$는 닫힌 구간 $[a, b]$에서 연속인 함수이고 함수 $g(x)$는 $[a, b]$에서
> $g(x) > 0$인 연속함수이면
> $$\int_a^b h(x)g(x)dx = h(c)\int_a^b g(x)dx$$
> 를 만족하는 c가 a와 b 사이에 존재한다.

연습지

---

20) $f(x)$를 나눌 때 0이 아니어야 한다던가, $\ln f(x)$를 쓰기 위해 $f(x)$가 양수여야 한다던가 등의 세부조건은 문제의 조건을 따라 접근해
주면 된다.

$xf'(x) - f(x) = g(x)$의 경우, 양변에 x^2을 나누면 $\dfrac{xf'(x) - f(x)}{x^2} = \left(\dfrac{f(x)}{x} \right)' = \dfrac{g(x)}{x^2}$ 이므로

$f(x) = x \times \displaystyle\int \dfrac{g(x)}{x^2} dx$ 이다.

아무래도 x^2을 나눈다는 아이디어가 필요한 유형인 만큼, 이 아이디어를 학생들이 자연스럽게 떠오를 수 있도록 앞의 소문항들을 잘 빌드업해야 하는 출제부담감이 있기 때문에 출제빈도는 낮다.

이번엔 곱의 미분법 형태 만들기!!

$xf'(x) + f(x) = g(x)$의 경우, $xf'(x) + f(x) = (xf(x))'$ 이므로
$xf(x) = \displaystyle\int g(x) dx$ 이다.

$f'(x) + f(x) = g(x)$의 경우, 양변에 e^x을 곱하면 $e^x f'(x) + e^x f(x) = (e^x f(x))'$이므로
$e^x f(x) = \displaystyle\int e^x g(x) dx$ 이다.

$f'(x) - f(x) = g(x)$의 경우, 양변에 e^x을 나누면 $e^{-x} f'(x) - e^{-x} f(x) = (e^{-x} f(x))'$이므로
$e^{-x} f(x) = \displaystyle\int e^{-x} g(x) dx$ 이다.

몫의 미분법 형태 만들기와 달리 곱의 미분법 형태 만들기는 수능완성 정도의 책에서도 나오는 아이디어이므로, 본 형태들은 매우 익숙한 수준까지 학습해두자.

실수 전체의 집합에서 이계도함수를 갖는 함수 $f(x)$ 가

$$f(x) = \int_0^x \sqrt{\{f(t)\}^2 + 1} \, dt$$

를 만족할 때, 다음 물음에 답하시오.

[1] $f(x)$ 와 $f''(x)$ 의 관계식을 구하고, $f(x)$ 를 구하시오.

[2] $\displaystyle\int_0^1 \left\{ \frac{f(x)}{f'(x)} \right\}^2 dx$ 를 구하시오.

연습지

3-3

수리논술용 미적분

지금까지 본 교재는 수리논술 문제들을 최대한 유형화하고 그에 맞는 최적화 전략을 제시해주는 컨셉을 유지했었다.
하지만 이번 소단원에서는, 유형화될 수 없는 몇몇 문제에 대한 '경험치 쌓기'를 목표로 학습해보자.

<blockquote>??? : 이런 비주류 문제들은 그냥 버리면 그만 아닌가요?</blockquote>

라고 할 수 있지만, 무시하고 넘어가기엔 비교적 최근에 출제된 주요대 문항인 동시에 재출제 될 가능성이 있다는 판단 하에 준비한 소단원이다.

1. 자연상수 정의

교육과정상 밑과 지수에 모두 문자가 있는 식에 대한 극한을 풀 수 있는 유일한 방법은 자연상수 e의 정의 뿐이다.

자연상수 e의 정의는 $\lim_{x \to \infty} \left(1 + \dfrac{1}{x}\right)^x = e = \lim_{x \to 0}(1+x)^{\frac{1}{x}}$ 이므로, 이 형태와 관련 있는 극한문제나 함수 $y = \left(1 + \dfrac{1}{x}\right)^x$ 에 대한 파생 문항이 나올 수 있으니 확인해두자.

예제 7
★★★☆☆   2019 한양대 메디컬

양의 실수로 이루어진 수열 $\{a_n\}$, $\{b_n\}$ 에 대하여 $\lim_{n \to \infty} (a_n)^n = 27$, $\lim_{n \to \infty} (b_n)^n = 64$ 일 때, 극한값

$\lim_{n \to \infty} \left(\dfrac{1}{3}a_n + \dfrac{2}{3}b_n\right)^n$ 을 구하시오.

연습지

[1] 수학적 귀납법을 이용하여 n 이 자연수이고 x 가 -1보다 같거나 큰 실수이면 다음의 부등식이 성립함을 보여라.

$$(1+x)^n \geq 1+nx$$

[2] n 이 임의의 자연수일 때, 위의 부등식을 이용하여 다음이 성립함을 보여라.

$$\left(1+\frac{1}{n}\right)^n \leq \left(1+\frac{1}{n+1}\right)^{n+1}$$

[3] 임의의 두 자연수 m 과 n 에 대하여 다음이 성립함을 보여라.

$$\left(1+\frac{1}{n}\right)^n \leq \left(1+\frac{1}{m}\right)^{m+1}$$

[4] n 이 임의의 자연수일 때, 다음이 성립함을 보여라.

$$2 \leq \left(1+\frac{1}{n}\right)^n < 3$$

$f(x)$의 식을 바로 표현해내지 못하는 경우에는 매개변수를 써서 문제를 풀어보자고 했었다.

매개변수로 (x, y)를 표현한 후, 문제 조건에 부합하는 극한 상황을 해석해냄으로써 끝내 $y = f(x)$를 표현해내는 멋진 문제가 고려대 약대에서 출제돼서 소개한다.

또한 2025 고려대학교의 논술이 부활한 만큼, 출제경향을 미리 예상해볼 수 있는 몇 안되는 좋은 소스이므로 꼭 풀어보도록 하자.[21]

예제 9 ★★★★☆ 2022 고려대 약대

제시문 일부

〈가〉 양수 전체의 집합에서 정의되고 연속인 이계도함수를 갖는 함수 $y = f(x)$에 대하여 $f''(x) > 0$이고, [그림 1]과 같이 곡선 $y = f(x)$ 위의 두 점 $\mathrm{A}(\alpha, f(\alpha))$, $\mathrm{B}(t, f(t))$에서 접선을 그었을 때 두 접선 l_0와 l이 점 C에서 만난다. 접선 l_0의 y절편을 s_0, 그리고 접선 l의 y절편을 $h(t)$로 한다.

〈나〉 [그림 2]와 같이 직선 l'의 x절편과 y절편을 각각 a와 b라 하자. 이때 a, b는 다음을 만족한다.
$$0 < a < 1, \ 0 < b < 1, \ a + b = 1$$

〈다〉 어떤 구간에서 정의된 연속함수가 감소(또는 증가)하면 역함수가 존재하고 그 역함수도 연속함수가 된다.

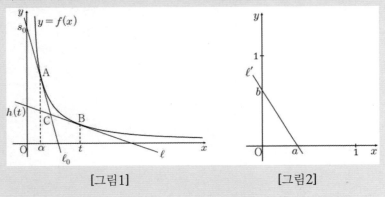

[그림1]　　　　　　　　[그림2]

[1] 제시문 〈가〉에서 주어진 함수 $h(t)$의 연속성, 미분가능성, 도함수의 성질에 관하여 논술하고, 이를 이용하여 함수 $h(t)$의 역함수 $h^{-1}(t)$의 존재성과 극한값 $\lim_{s \to s_0} h^{-1}(s)$에 관하여 논술하시오.

[2] 두 실수 c, d (단, $0 < c < d < 1$)에 대하여 제시문 〈나〉의 직선과 같은 성질을 갖고 x절편이 각각 c와 d인 두 직선의 방정식과 그 교점을 구하시오.

[3] 함수 $y = g(x)$가 0과 1 사이에서 연속인 이계도함수를 갖고 $g''(x) > 0$을 만족한다. 곡선 $y = g(x)$ $(0 < x < 1)$ 위 모든 점에서의 접선이 제시문 〈나〉의 직선과 같은 성질을 가질 때, 함수 $y = g(x)$ $(0 < x < 1)$를 구하시오.

---

21) 물론 여러분이 아는 고려대는 서울캠퍼스고, 약대는 세종캠퍼스라서 출제교수진의 차이가 있을 수 있다.

실전논제 풀어보기

| 논제 해설 위치

논제에 대한 해설은 해설집의 '예제 해설 모음' 뒤에 있는 '논제 해설 모음'에 있습니다.

| 답안지 Box의 점선 줄 활용법

ⓐ 점선 줄 위에서부터 답안의 첫 두 줄을 시작해서, 이 줄에 맞춰서 아래 답안들도 줄이 삐뚤어지지 않도록 맞춰 써보세요.
   읽기 편한 글씨와 줄 맞춰 쓰기는 채점자에게 좋은 인상을 줄 수 있는 기본기입니다 :)

ⓑ 줄 맞춰 쓸 연습이 필요 없다면, 이 문제에 쓰이는 필수 Idea를 필기하는 공간으로 활용하세요.

논제 11　　　　　　　★★★☆☆　　　2020 세종대

실수 전체의 집합에서 미분가능한 함수 $f(x)$가 다음을 만족시킨다.

> (가) 임의의 실수 x에 대하여 $f(x) = \displaystyle\int_0^x \sqrt{f(t) - t - 2}\, dt + x + 2$이다.
>
> (나) $x > 2$일 때 $f(x) > x + 2$이고 $f(4) = 7$이다.

[1] $x < 0$일 때 $f(x)$를 구하면 $f(x) = x + k$이다. 상수 k를 구하시오.

[2] $x > 2$일 때 $f(x)$를 구하시오.

[3] $f(1)$을 구하시오.

연습지

제시문

(가) 함수 $f(x)$가 어떤 열린구간에서 미분가능할 때, 그 구간의 모든 x에 대하여 $f'(x) > 0$이면 $f(x)$는 그 구간에서 증가하고, $f'(x) < 0$이면 $f(x)$는 그 구간에서 감소한다.

(나) 곡선 $y = f(x)$ 위의 점 $P(a, f(a))$가 곡선 $y = f(x)$의 변곡점이라는 것은 $x = a$의 좌우에서 곡선의 모양이 아래로 볼록한 모양에서 위로 볼록한 모양으로 바뀌거나 위로 볼록한 모양에서 아래로 볼록한 모양으로 바뀔 때를 말한다.

(다) 함수 $f(x)$가 닫힌구간 $[a, b]$에서 연속이고 d가 $f(a)$와 $f(b)$ 사이의 임의의 수라고 하면, $f(c) = d$가 성립하는 점 c가 a와 b 사이에 존재한다.

(라) 부정적분 $\int f(x)dx$이 존재하는 함수 $f(x)$와 미분가능한 함수 $g(t)$에 대하여, $x = g(t)$라고 하면
$$\int f(x)\,dx = \int f(g(t))\,g'(t)\,dt$$
가 성립한다.

실수 전체에서 정의된 미분가능한 함수 $f(x)$에 대하여 등식

$$f'(x) = 2f(x) - f(x)^2$$

이 성립한다고 하자.

[1] 함수 $f(x)$의 치역이 열린구간 $(0, 2)$이고, $f(x)$가 모든 x에서 이계도함수를 가진다.
이때 곡선 $y = f(x)$는 변곡점을 가진다는 것을 보이시오.

[2] $0 < f(0) < 1$이면 함수 $f(x)$는 유일하게 결정되며 모든 x에 대하여 $0 < f(x) < 2$이다.
$f(0) = \dfrac{1}{3}$일 때, 함수 $f(x)$를 구하시오.

연습지

제시문

(가) 미분가능한 함수 $f(x)$ 의 도함수 $f'(x)$ 는

$$f'(x) = \lim_{h \to 0} \frac{f(x+h) - f(x)}{h}$$

(나) $y = a^x\,(a > 0,\, a \neq 1)$ 이면

$$y' = a^x \ln a$$

이다. 또한,

$$\lim_{h \to 0} \frac{a^h - 1}{h} = \ln a$$

(다) 두 함수 $f(x),\, g(x)$ 가 미분가능할 때,
$$\{f(x)g(x)\}' = f'(x)g(x) + f(x)g'(x)$$

(라) 두 함수 $y = f(u),\, u = g(x)$ 가 미분가능할 때, 합성함수 $y = f(g(x))$ 의 도함수는
$$y' = f'(g(x))g'(x)$$

(마) 함수 $f(x)$ 가 두 실수 a, b 를 포함하는 구간에서 연속일 때, $f(x)$ 의 한 부정적분을 $F(x)$ 라고 하면 $f(x)$ 의 a 에서 b 까지의 정적분은

$$\int_a^b f(x)dx = \left[F(x) \right]_a^b = F(b) - F(a)$$

실수 전체의 집합에서 미분가능한 두 함수 $f(x),\, g(x)$ 가 모든 실수 x, y 에 대하여 다음 조건을 만족시킨다.

┤ 조건 ├

(I) $f(x+y) = 2023^y f(x) + 2023^x f(y)$

(II) $g(x+y) = 2023^{xy(2x^2 + 3xy + 2y^2)} g(x) g(y)$

(III) $g(x) > 0$

다음 물음에 답하시오.

[1] 모든 실수 x 에 대하여

$$f'(x) - f(x)\ln 2023 = f'(0)2023^x$$

임을 증명하시오.

[2] $f(2023) = 2023$ 일 때, 함수 $f(x)$ 를 구하시오

[3] $g(2023) = 2023$ 일 때, 함수 $g(x)$ 를 구하시오

〈그림 1〉과 같이 중심이 원점 O 이고 반지름이 1 인 원 위에 같은 간격으로 놓여 있는 세 개 이상의 점 $P_1, \cdots, P_n$ 이 있다. 매순간 점 P_k $(1 \leq k < n)$는 점 P_{k+1} 을 향하여 움직이고, 점 P_n 은 점 P_1 을 향하여 움직인다.

$\overline{OP_1} = \cdots = \overline{OP_n} > 0$ 와 $\angle P_1 O P_2 = \cdots = \angle P_{n-1} O P_n = \angle P_n O P_1$ 는 항상 성립한다고 할 때, 점 P_1 이 점 $(1, 0)$ 에서 출발하여 처음으로 y 축을 만날 때까지 움직인 거리를 상수

$$\alpha = \frac{1 - \cos \dfrac{2\pi}{n}}{\sin \dfrac{2\pi}{n}}$$

를 이용하여 나타내고, 그 근거를 논술하시오.

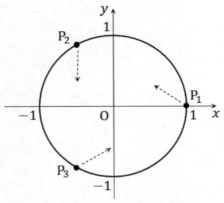

〈그림 1: $n = 3$ 인 경우〉

연습지

제시문

[가] n이 자연수일 때, 다항식 $(a+b)^n$을 전개하면 다음과 같은 전개식을 얻을 수 있고, 이것을 이항정리라고 한다.

$$(a+b)^n = {}_nC_0 a^n + {}_nC_1 a^{n-1} b^1 + {}_nC_2 a^{n-2} b^2 + \cdots + {}_nC_r a^{n-r} b^r + \cdots + {}_nC_n b^n$$

[나] 함수 $f(x)$가 어떤 열린구간에서 미분가능하고, 이 구간의 모든 x에 대하여
  ① $f'(x) > 0$이면 $f(x)$는 이 구간에서 증가한다.
  ② $f'(x) < 0$이면 $f(x)$는 이 구간에서 감소한다.

[다] ① 세 수열 $\{a_n\}$, $\{b_n\}$, $\{c_n\}$과 모든 자연수 n에 대하여, $a_n \leq c_n \leq b_n$이고
  $\lim\limits_{n \to \infty} a_n = \lim\limits_{n \to \infty} b_n = L$이면 $\lim\limits_{n \to \infty} c_n = L$이다.
  ② 세 함수 $f(x)$, $g(x)$, $h(x)$와 a에 가까운 모든 실수 x에 대하여,
  $f(x) \leq h(x) \leq g(x)$이고, $\lim\limits_{x \to a} f(x) = \lim\limits_{x \to a} g(x) = L$이면 $\lim\limits_{x \to a} h(x) = L$이다.
  또한, 이와 같은 함수의 극한 관계는 $x \to a+$, $x \to a-$, $x \to \infty$, $x \to -\infty$일 때도 성립한다.

[라] 함수 $f(x)$의 그래프의 개형을 그릴 때에는 다음을 고려한다.
  ① 함수의 정의역과 치역
  ② 좌표축과의 교점
  ③ 함수의 증가와 감소, 극대와 극소, 곡선의 오목과 볼록, 변곡점
  ④ 점근선

[1] 제시문 [가]를 이용하여 다음 부등식이 성립함을 보이시오. (단, n은 1보다 큰 자연수)

$$(1+n)^{\frac{1}{n}} < 1 + \sqrt{\frac{2}{n-1}}$$

[2] 제시문 [나]를 이용하여 다음 부등식이 성립함을 보이시오. (단, x는 양의 실수)

$$\frac{1}{x+1} < \ln\left(1 + \frac{1}{x}\right) < \frac{1}{\sqrt{x(x+1)}}$$

집합 $\{x \mid x > 0\}$을 정의역으로 갖는 함수 $f(x) = \left(1 + \dfrac{1}{x}\right)^x$에 대하여 문항 [3], [4], [5]에 답하시오.

[3] 함수 $f(x)$가 열린구간 $(0, \infty)$에서 증가함을 보이시오.

[4] 함수 $g(x)$를 다음과 같이 정의하자.

$$g(x) = \begin{cases} f\left(\dfrac{1}{n}\right) & (0 < x \le 1,\ \text{단},\ n\text{은}\ \dfrac{1}{x}\text{의 정수 부분}) \\ 3 & (x > 1) \end{cases}$$

임의의 양의 실수 x에 대하여 $f(x) \le g(x)$임을 보이시오.

[5] 문항 **[1]** ~ **[4]**를 이용하여 함수 $y = f(x)$의 그래프의 개형을 그리시오.

답안지

Show
and
Prove

기대T 수리논술 수업 상세안내

수업명	수업 상세안내 (지난 수업 영상수강 가능)
정규반 프리시즌 (2월)	- 수리논술만의 특징인 '답안작성 능력'과 '증명 능력'을 향상시키는 수업 - 수험생은 물론 강사들도 가진 '증명구조 오개념'을 확실히 타파해주는 수학전공자의 수업 - '뭐든 적어내면 부분점수'는 옛말! 단계별 채점원리 및 정제된 논리 전개법 전수
정규반 시즌1 (3월)	- 수능/내신 공부와 다른 수리논술 공부의 결 & 방향성을 잡아주는 수업 - 삼각함수 & 수열의 콜라보 등 논술형 발전성을 체감해볼 수 있는 실전 내용 수업
정규반 시즌2 (4~5월)	- 수리논술에서 60% 이상의 비중을 차지하는 수리논술용 미적분을 집중 해석하는 수업 - 수리논술에도 존재하는 행동영역을 통해 고난도 문제의 체감 난이도를 낮춰주는 수업 - 대학의 모범답안을 보고도 '이런 아이디어를 내가 어떻게 생각해내지?' 라는 생각이 드는 학생들도 납득 가능하고 감탄할만한 문제접근법을 제시해주는 수업
정규반 시즌3 (6~7월)	- 상위권 대학의 합격 당락을 가르는 고난도 주제들을 총정리하는 수업 - 아래 학교의 수리논술 합격을 바라는 학생들이라면 강추 (메디컬, 고려, 연세, 한양, 서강, 서울시립, 경희, 이화, 숙명, 세종, 서울과기대, 인하)
선택과목 특강 (선택확통+선택기하)	- 수능/내신의 빈출 Point와의 괴리감이 제일 큰 두 과목인 확통/기하의 내용을 철저히 수리 논술 빈출 Point에 맞게 피팅하여 다루는 Compact 강의 (영상수강 전용 강의) - 총 6강 (확통/기하 3강씩) 으로 구성된 실전+심화 수업 (교과서 개념 선제적 학습 필요) - 상위권 학교 지원자들은 꼭 알아야 하는 필수내용 / 6월 또는 7월 내로 완강 추천
Semi Final (8월)	- 본인에게 유리한 출제 스타일인 학교를 탐색하여 원서지원부터 이기고 들어갈 수 있도록 태어난 새로운 수업 (모든 대학을 출제유형별로 A그룹~D그룹으로 분류 후 분석) - 최신기출 (작년 기출+올해 모의) 중 주요문항 선별 통해 주요대학 최근출제경향 파악
고난도 문제풀이반 For 메디컬/고/연/서성한시	- 2월~8월 사이 배운 모든 수리논술 실전개념들을 고난도 문제에 적용해보는 수업 - 전형적인 고난도 문제부터 출제될 시 경쟁자와 차별될 수 있는 창의적 신유형 문제까지 다양 하게 만나볼 수 있는 수업
학교별 Final (수능전 / 수능후)	- 학교별로 고유 출제스타일에 맞는 문제들만 정조준하여 분석하는 Final 수업 - 빈출주제 특강 + 예상문제 모의고사 응시 후 해설 & 첨삭 - 고승률 문제접근 Tip을 파악하기 쉽도록 기출선별자료집 제공 (학교별 상이)
첨삭	수업형태 (현장강의 수강, 온라인 수강) 상관없이 모든 학생들에게 첨삭이 제공됩니다. 1차 서면첨삭 후 학생이 첨삭내용을 제대로 이해했는지 확인하기 위해, 답안을 재작성하여 2차 대면첨삭영상을 추가로 제공받을 수 있습니다. 이를 통해 학생은 6~10번 이내에 합격급으로 논리적인 답안을 쓸 수 있게 되며, 이후에는 문 제풀이 Idea 흡수에 매진하면 됩니다.

* 자세한 안내사항은 아래 QR코드 참고

CHAPTER

4

Advanced Theme

정수론

1. 몫과 나머지

자연수 n을 자연수 m으로 나눈 몫과 나머지를 q, r라 할 때, 교과서에서 다루고 있는 정의에 의하면

$$n = m \times q + r \quad (0 \leq r < m)$$

라는 수식으로 표현할 수 있다.

예를 들어, $6 = 4 \times 1 + 2$ 이므로 6을 4로 나눴을 때 나머지는 2라 할 수 있다.

| 정수로의 확장

$n = m \times q + r \, (0 \leq r < m)$ 라는 수식과 조건을 유지한 채로, <u>n을 자연수가 아닌 정수로 확장</u>하여 생각하자.

예를 들어 -6을 4로 나누는 상황을 상상해보면, $-6 = -2 \times 4 + 2$ 이므로 -6을 4로 나눴을 때의 나머지는 2라고 생각할 수 있다.

예제 1　　　　　　　　　　★★☆☆☆　　　연습문제

-3, -7, 13을 각각 4로 나누었을 때, 다음 세 식 중 몫과 나머지를 표현하는 수식으로 잘못된 것은?

① $-3 = 4 \times (-1) + 1$ 　　　② $-7 = 4 \times (-2) + 1$ 　　　③ $13 = 4 \times 2 + 5$

연습지

해설 1

나누려는 수가 음수든 양수든 상관없이 4로 나누었으므로 나머지는 $0 \leq r < 4$ 여야 한다.

따라서 ①, ②는 맞는 식이며 나머지는 둘 다 1이다. ③이 잘못된 식이며 $13 = 4 \times 3 + 1$로 표현해야 정확하다.

따라서 이 경우 역시 나머지가 1이다.

두 정수 x, y를 자연수 m으로 나누었을 때 나머지가 같은 경우, 다음 합동식으로 표현하도록 하자.

$$x \equiv y \pmod{m}$$

예를 들어, 이전 예제에서 해설을 통해 제대로 고쳐진 ③식과 ①, ② 식에 의하면 -3, -7, 13을 4로 나누었을 때 나머지가
모두 1 이므로, $-3 \equiv -7 \equiv 13 \pmod 4$ 라 할 수 있다.
이런 경우, 이 세 수를 m에 대한 합동수[22]라고 하자.

cf. 합동식과 합동수에 대한 개념 또는 기호들은, 본 책에서 배우게 될 추가개념에 대한 원활한 이해를 위해 설명했을 뿐이다.
실제로 있는 기호이기는 하나, 여러분들의 실제 논술답안에서는 쓰지 않는 것을 권장한다. 문제를 풀어나가는 과정에서
계산과정을 간단하기 위한 도구임을 명심하자.

│ 합동식의 성질

$x \equiv a \pmod{m}$, $y \equiv b \pmod{m}$[23] 라 할 때, 다음이 성립한다.

$$\text{(i) } x+y \equiv a+b \pmod{m} \quad \text{(ii) } x-y \equiv a-b \pmod{m} \qquad \text{(iii) } xy \equiv ab \pmod{m}$$

간단히 증명해보자. 평소 수능/내신에서 3으로 나눈 나머지가 1인 숫자를 $3k+1$로 표현하여 풀 듯,
$x \equiv a \pmod{m}$ 으로부터 $x = mq_1 + a$ 라 표현할 수 있고 $y \equiv b \pmod{m}$ 으로부터 $y = mq_2 + b$ 라 표현할 수 있다.
그러면 $x+y = m(q_1+q_2)+(a+b)$인데 $\underline{m(q_1+q_2)}$는 m의 배수이므로 결국 $x+y$를 m으로 나눈 나머지는
$a+b$를 m으로 나눈 나머지와 같음을 알 수 있다.
따라서 $x+y \equiv a+b \pmod{m}$ 임을 증명할 수 있었다.
(ii), (iii) 역시 마찬가지로 증명해보면 된다.

│ 합동식의 활용 예시

$1211 + 40406$을 4로 나눈 나머지를 구하는 문제라면, 1211과 40406을 4로 나눈 나머지가 각각 3, 2이므로
$3+2 = 5$를 4로 나눈 나머지 1을 정답으로 하면 된다는 뜻이다.
이러한 방식은 첫 연산 $(1211 + 40406)$이 매우 복잡한 문제에서 위력을 발휘한다.

즉, x와 y를 바로 연산하기 전에 각각을 미리 연산에 유리한 합동수 a, b로 치환하여 연산 한 다음 나머지를 구하면 훨씬 편함을
알 수 있다. (합, 차, 곱에 대해서만. 나눗셈은 사용 불가)

│ 이항정리 공식

이항정리는 $(x+y)^n = \sum_{k=0}^{n} {}_n C_k \times x^k \times y^{n-k}$ 를 의미하는 단순 공식이며, 확률과 통계 교과서에 있다.

확률과 통계가 범위에 들어가지 않는 학교에서도 제시문으로 주어질 수 있는[24] 단순 식 전개 테크닉에 해당하므로,
위 이항정리 공식의 모양을 기억해두자.

---

22) 1, 5, 9, 13, 17 등도 이 숫자들과 4에 대한 합동수이다. 모두 나머지가 1로 같으니까
23) 여기서 a, b는 나머지를 의미할 수도, 아닐 수도 있다. 그냥 x, y와 합동수인 수들일 뿐이다.
24) 굳이 출제범위 외 내용을 출제하진 않겠지만, 그 정도로 단순한 공식이라는 뜻

4^{100}을 5로 나눈 나머지를 구하시오.

연습지

7^{100}을 5로 나눈 나머지를 구하시오.

연습지

(i) 합동식 성질 익혀보기

$-1 = 5 \times (-1) + 4$ 이므로 -1과 4는 5에 대한 합동수이다.

따라서 100번 곱하기 전에 4를 합동수인 -1로 치환하여 계산하면 $(-1)^{100} = 1$이다.

즉, 1을 5로 나눈 나머지를 구하는 문제와 동치가 되므로 정답은 1이다.

(ii) 이항정리로 풀어보기

$4^{100} = (5-1)^{100} = {}_{100}C_0 5^{100} \times (-1)^0 + \cdots + {}_{100}C_{99} 5^1 \times (-1)^{99} + {}_{100}C_{100} 5^0 \times (-1)^{100}$ 에서

${}_{100}C_0 5^{100} \times (-1)^0 + \cdots + {}_{100}C_{99} 5^1 \times (-1)^{99}$는 5를 약수로 갖고 있는 수들의 합이므로

$4^{100} \equiv {}_{100}C_{100} 5^0 \times (-1)^{100} \pmod 5$ 이다. ${}_{100}C_{100} 5^0 \times (-1)^{100} = 1$ 이므로 4^{100}을 5로 나눈 나머지는 1이다.

(i) 합동식 성질 익혀보기

$7 = 5 \times 1 + 2$이고 $16 = 5 \times 3 + 1$ 이므로 <u>$7 \equiv 2 \pmod 5$, $16 \equiv 1 \pmod 5$</u> 이다. 이 식을 활용하면

$7^{100} = 2^{100} = 16^{25} \equiv 1^{25} \pmod 5$ 임을 알 수 있다.

(cf. 앞으로 해설에서 $=$와 $\equiv$를 잘 구분하여 보도록 하자.)

따라서 7^{100}을 5로 나눈 나머지는 1 이다.

(ii) 이항정리로 풀어보기

$7^{100} = (5+2)^{100} = \left({}_{100}C_0 5^{100} \times 2^0 + \cdots + {}_{100}C_{99} 5^1 \times 2^{99} \right) + {}_{100}C_{100} 5^0 \times 2^{100}$ 에서

$\left({}_{100}C_0 5^{100} \times 2^0 + \cdots + {}_{100}C_{99} 5^1 \times 2^{99} \right)$ 부분은 5를 약수로 갖고 있는 수들의 합이므로

$7^{100} \equiv {}_{100}C_{100} 5^0 \times 2^{100} = 2^{100} \pmod 5$ 이다. $2^{100} = 16^{25} = (15+1)^{25}$에 대하여 같은 이항정리로 전개를 하면

$2^{100} \equiv 1^{25} = 1 \pmod 5$ 이다. 따라서 7^{100}을 5로 나눈 나머지가 1임을 알 수 있다.

(iii) 합동식 성질을 통해 과정을 눈치채고서 포장만 이항정리로 답안쓰기 - 실전에서 우리가 쓸 답안

$7^4 = 2401$ 이므로 (첫 번째 풀이에서 $2^{100} = (2^4)^{25} = 16^{25}$을 하는 과정에 착안한 아이디어)

$7^{100} = (7^4)^{25} = (2400+1)^{25} = 1^{25} + \displaystyle\sum_{k=1}^{25} {}_{2400}C_k \times 2400^k$ 이므로 7^{100}을 5로 나눈 나머지가 1이다.

$\left(\because \displaystyle\sum_{k=1}^{25} {}_{2400}C_k \times 2400^k$는 2400의 배수이므로 5의 배수$\right)$

5^{1000}을 7로 나눈 나머지를 구하시오.

자연수 n의 값과 관계없이 14^n을 13으로 나눈 나머지가 항상 일정함을 보이시오.

(i) 합동식으로 정답 내기

$5^{1000} \equiv (-2)^{1000} = 2^{1000} = 2^1 \times (2^3)^{333} \equiv 2^1 \times 1^{333} = 2 \ (\mathrm{mod} \ 7)$ 이므로 정답은 2이다.

(ii) 위 풀이를 힌트삼아 이항정리 풀이로 포장하기

$5^3 = 125 = 7 \times 18 - 1$ 이므로 $5^{1000} = (7-2)^1 \times ((7 \times 18) - 1)^{333}$을 전개하면 $(-2)^1 \times (-1)^{333}$ 항을 제외한 모든 전개항은 7의 배수가 된다. 따라서 5^{1000}을 7로 나눈 나머지는 $(-2)^1 \times (-1)^{333} = 2$ 이다.

기대T Comment)

(i)의 승수에 있는 1000을 $1 + 999 = 1 + 3 \times 333$으로 해석했으므로, 이항정리 풀이에서도 똑같이 해준 것이다.

강조한다. 〈예제 4〉같은 경우엔 (i) 보다는 (ii) 풀이로 답안을 작성할 수 있어야 한다. 즉, 교육과정에 충실해야 한다는 뜻이다. 다만 앞으로 논의될 얘기들의 이해를 돕기 위해, 그리고 정답을 쉽게 뽑아내기 위해 (i)과 같은 합동식의 이론을 배우고 있음을 명심!!

주객전도가 되지 않도록 경계하자.

일정한 나머지의 값이 1임은 합동식의 성질 혹은 이항정리를 이용하여 다 알거라 생각한다.

이를 어떤 교과방식으로 포장하여 답안을 작성할 것인가에 대한 고민을 하면 되는데, 이항정리는 많이 해봤으니 이번엔 수학적 귀납법으로 해보자.

(i) $n = 1$일 때, 14^1을 13으로 나눈 나머지가 1이다.

(ii) $n = m$일 때, 14^m을 13으로 나눈 나머지가 1이라고 가정하면 $14^m = 13k + 1$이라 둘 수 있고
  $14^{m+1} = 14 \times (13k+1) = 13 \times (14k+1) + 1$이므로 $n = m+1$일 때에도 14^n을 13으로 나눈 나머지가 1임을 알 수 있다.

따라서 (i), (ii) 과정을 통해 14^n을 13으로 나눈 나머지가 항상 일정함을 수학적 귀납법으로 증명할 수 있었다.

| 합동식을 이용하여 연산에서 이득 보기

$x \equiv a \pmod{m}$, $y \equiv b \pmod{m}$ 라 할 때, 다음이 성립한다.

      (i) $x + y \equiv a + b \pmod{m}$ **(ii)** $x - y \equiv a - b \pmod{m}$ **(iii)** $xy \equiv ab \pmod{m}$

이러한 합동식의 성질을 이용하여 연산에서 이득을 볼 수 있다.

예제 6 ★★☆☆   연습문제

앞에서 푼 두 예제를 이용하여 28^{100}을 5로 나눈 나머지를 구하시오.

연습지

해설 6

$4^{100} \equiv 1 \pmod{5}$, $7^{100} \equiv 1 \pmod{5}$ 이므로 $28^{100} = 4^{100} \times 7^{100} \equiv 1 \times 1 = 1 \pmod{5}$[25] 이다. 정답은 1.

---

25) 보통 등호와 합동식을 섞어쓰지 않지만, 이해만 하면 되니까 용인된 표현!

| 사실, 우리는 이미 합동식을 알고 있었다.

두 홀수를 더하면 짝수, 짝수와 홀수를 더하면 홀수. 모르는 사람이 없다. 이를 표로 나타내보면 다음과 같다.

+	홀	짝
홀	짝	홀
짝	홀	짝

=

+ (mod 2)	1	0
1	0 [26]	1
0	1	0

x	홀	짝
홀	홀	짝
짝	짝	짝

=

x (mod 2)	1	0
1	1	0
0	0	0

홀수/짝수란 표현은 결국 2로 나눈 나머지가 1이냐 0이냐를 구분하는 쉬운 표현이었던 것 뿐이다.

조금만 더 확장을 해보자. 어떤 두 자연수 a, b를 더해서 3의 배수가 나오려면

$$(a, b) = (3a', 3b') \text{ or } (3a'' + 1, 3b'' + 2) \text{ or } (3a''' + 2, 3b''' + 1)$$

꼴이어야 함을 이미 잘 알고 있을텐데, 이것은 아래 표에 의하면 당연한 현상이며, 앞으로 우리는 이러한 사고를 나머지의 관점에서 할 수 있다면 정수 문제와 관련된 다채로운 해석이 가능하다.

+ (mod 3)	0	1	2
0	0	1	2
1	1	2	0
2	2	0	1

x (mod 3)	0	1	2
0	0	0	0
1	0	1	2
2	0	2	1 [27]

+ (mod 4)	0	1	2	3
0	0	1	2	3
1	1	2	3	0
2	2	3	0	1
3	3	0	1	2

x (mod 4)	0	1	2	3
0	0	0	0	0
1	0	1	2	3
2	0	2	0 [28]	2
3	0	3	2	1

---

26) $1+1 = 2$ 지만, $2 \equiv 0 \pmod 2$ 이니까.

27) $2 \times 2 = 4$ 지만, $4 \equiv 1 \pmod 3$ 이니까.

28) 예를 들어, $6 \times 10 \equiv 2 \times 2 = 4 \equiv 0 \pmod 4$

최근 수리논술에서 정수론의 출제빈도가 떨어져서 교재에 넣을까 말까 고민을 많이 했었는데,
싣게 된 결정적인 계기는 '수능에도 역시 도움이 되기 때문' 이다.

2023학년도 수능 15번과 2024학년도 3월 교육청 15번을 통해 나머지 관점으로 바라보는 수열 고난도 문제 해법을 알아보자.

∨ TIP

모든 항이 자연수 또는 정수라는 조건이 있고, 점화식 결정 조건이 나머지와 관련이 있는 문제라면
앞으로 다루는 테크닉들이 엄청난 도움이 될 것이다.

예제 7　　★★★★☆　2023학년도 수능

모든 항이 자연수이고 다음 조건을 만족시키는 모든 수열 $\{a_n\}$에 대하여 a_9의 최댓값과 최솟값을 구하시오.

(가) $a_7 = 40$

(나) 모든 자연수 n에 대하여

$$a_{n+2} = \begin{cases} a_{n+1} + a_n & (a_{n+1}\text{이 } 3\text{의 배수가 아닌 경우}) \\ \dfrac{1}{3}a_{n+1} & (a_{n+1}\text{이 } 3\text{의 배수인 경우}) \end{cases}$$

연습지

이 해설을 잘 읽으려면 합동식의 성질 (합동수의 합차)을 자유롭게 쓸 수 있어야 한다. 반드시 복습을 제대로 한 후에 읽어보자. 기존의 풀이방식인 $a_6 = k$ 로 두거나 $a_6 = 3k, 3k+1, 3k+2$로 케이스 분류하는 과정 등을 획기적으로 줄여줄 것이다.

7

$a_7 = 40 \equiv 1 \pmod 3$ 이다. a_6을 3으로 나눈 나머지를 기준으로 문제를 풀어보자.

(i) $a_6 \equiv 0 \pmod 3$인 경우

a_6이 3의 배수이므로 조건 (나)의 아래 식에 의하여 $a_7 = \frac{1}{3}a_6$ 에서 $a_6 = 120$임을 알 수 있다.

$a_6 = 120$, $a_7 = 40$이므로 조건 (나)에 따라 a_8, a_9를 구하면 $a_9 = 200$임을 알 수 있다.

(ii) $a_6 \equiv 1 \pmod 3$인 경우 (즉, a_6을 3으로 나눈 나머지가 1인 경우),

a_6이 3의 배수가 아니므로 조건 (나)의 윗 식에 의하여 $a_7 = a_6 + a_5$ 이고,

$a_7 \equiv 1 \pmod 3$, $a_6 \equiv 1 \pmod 3$ 이므로 $a_5 \equiv 0 \pmod 3$ 이다.

a_5가 3의 배수이므로 조건 (나)의 아래 식에 의하여 $a_6 = \frac{1}{3}a_5$, $a_5 = 3a_6$이다.

따라서 $a_7 = a_6 + a_5 = 4a_6$에서 $a_6 = 10$ 이다. 위와 같은 방법으로 a_8, a_9를 구하면 $a_9 = 90$임을 알 수 있다.

(iii) $a_6 \equiv 2 \pmod 3$인 경우 (즉, a_6을 3으로 나눈 나머지가 2인 경우),

a_6이 3의 배수가 아니므로 조건 (나)의 윗 식에 의하여 $a_7 = a_6 + a_5$ 이고,

$a_7 \equiv 1 \pmod 3$, $a_6 \equiv 2 \pmod 3$ 이므로 $a_5 \equiv 2 \pmod 3$ [29] 이다.

a_5이 3의 배수가 아니므로 조건 (나)의 윗 식에 의하여 $a_6 = a_5 + a_4$ 이고,

$a_6 \equiv 2 \pmod 3$, $a_5 \equiv 2 \pmod 3$ 이므로 $a_4 \equiv 0 \pmod 3$ 이다.

a_4가 3의 배수이므로 조건 (나)의 아래 식에 의하여 $a_5 = \frac{1}{3}a_4$, $a_4 = 3a_5$이다. 따라서

$a_6 = a_5 + a_4 = 4a_5$, $a_7 = a_6 + a_5 = 5a_5$에서 $a_5 = 8$, $a_6 = 32$ 이다. 위와 같은 방법으로 a_8, a_9를 구하면

$a_9 = 24$임을 알 수 있다.

따라서 a_9의 최댓값은 (i)에 의하여 200, (iii)에 의하여 24이다.

일일이 다 설명하면서 적느라고 오래 걸렸을 뿐, 나머지 Table만 그려서 풀었다면 과장 아주 살짝 보태서 1분컷 할 수 있는 풀이였다.

---

29) $a_7 = a_5 + a_6 \equiv 2 + 2 = 4 \equiv 1 \pmod 3$

orbi.kr | 103

모든 항이 자연수인 수열 $\{a_n\}$이 모든 자연수 n에 대하여

$$a_{n+2} = \begin{cases} a_{n+1} + a_n & (a_{n+1} + a_n \text{이 홀수인 경우}) \\ \dfrac{a_{n+1} + a_n}{2} & (a_{n+1} + a_n \text{이 짝수인 경우}) \end{cases}$$

를 만족시킨다. $a_1 = 1$일 때, $a_6 = 34$가 되도록 하는 모든 a_2의 값을 구하시오.

연습지

연속된 세 항 a_m, a_{m+1}, a_{m+2}의 홀짝성(=2로 나눈 나머지)을 조사해보면 다음과 같다.
(cf. 해설용으로 case 표를 작성했을 뿐, 각 케이스를 머릿속에서 자동으로 처리해낼 수 있다면 그걸로 충분)

case	a_m	a_{m+1}	a_{m+2}	(a_m, a_{m+1}, a_{m+2})로 가능한 예시조합
❶	홀	짝	홀	(1, 2, 3)
❷	짝	홀	홀	(2, 1, 3)
③	홀	홀	홀	(1, 5, 3)
④	홀	홀	짝	(1, 3, 2)
⑤	짝	짝	홀	(2, 4, 3)
⑥	짝	짝	짝	(2, 6, 4)

❶, ❷는 조건식 $a_{m+2} = a_{m+1} + a_m$ 사용 // ③ ~ ⑥은 조건식 $a_{m+2} = \dfrac{a_{m+1} + a_m}{2}$ 사용

$a_6 = 34$가 짝수이므로 [$m = 4$일 때 case ⑥, case ④]에 의하여 $(a_4, a_5) = ($짝, 짝$)$ or $($홀, 홀$)$ 가능하다.

$(a_4, a_5) = ($짝, 짝$)$라 가정해보자. 위의 표의 case ⑥에 의하면, 뒤의 두 항 (a_{m+1}, a_{m+2})이 (짝, 짝) 조합이면 앞의 항 a_m도 짝수일 수 밖에 없다. 따라서 a_3도 짝수이고, 마찬가지로 $(a_3, a_4) = ($짝, 짝$)$ 이므로 a_2도 짝수, 같은 논리로 a_1도 짝수여야 한다. 하지만 $a_1 = 1$, 즉 홀수이므로 모순이다.
따라서 $(a_4, a_5) = ($홀, 홀$)$로 고정이다.

또한 a_1이 홀수이므로, 가능한 case의 조합들을 따져봤을 때 다음 세 케이스가 가능하다.
(칠해진 글씨는 a_1, a_4, a_5가 반드시 홀수여야 함을 표현한 것이다. 파도타기 하는 느낌으로 따라가보자.)

(i) [$m = 1$, case ❶] + [$m = 2$, case ❷] + [$m = 3$, case ③]$\Rightarrow$$(a_1, a_2, a_3, a_4, a_5)$=(홀, 짝, 홀, 홀, 홀)
　　　홀 짝 홀　　　　　짝 홀 홀　　　　　홀 홀 홀

(ii) [$m = 1$, case ③] + [$m = 2$, case ③] + [$m = 3$, case ③]$\Rightarrow$$(a_1, a_2, a_3, a_4, a_5)$=(홀, 홀, 홀, 홀, 홀)
　　　홀 홀 홀　　　　　홀 홀 홀　　　　　홀 홀 홀

(iii) [$m = 1$, case ④] + [$m = 2$, case ❶] + [$m = 3$, case ❷]$\Rightarrow$$(a_1, a_2, a_3, a_4, a_5)$=(홀, 홀, 짝, 홀, 홀)
　　　홀 홀 짝　　　　　홀 짝 홀　　　　　짝 홀 홀

이러한 세 조합으로 나오는 $(a_1, a_2, a_3, a_4, a_5)$의 홀짝성에 맞춰서 $a_6 = 34$가 되도록 하는 a_2를 구해주면
(i)에서는 a_2가 자연수가 나오질 않고, (ii)와 (iii)에서 각각 $a_2 = 49$, $a_2 = 19$ 가 나온다.
따라서 합은 $49 + 19 = 68$ 이다.

| 확률과 통계 문제에서도 나머지 관련 지식은 빛을 발한다.

이번에는 나머지정리를 확률과 통계 문제에 적용해보자.
확률의 곱셈정리만 알면 된다. 확률과 통계를 깊이 공부하지 않았어도 풀 수 있다.
나머지 관점이 좀 더 부각된 문제들이기 때문에, 도전해보도록 하자.

 9   ★★★★☆   23학년도 수능 선택확통

앞면에는 1부터 6까지의 자연수가 하나씩 적혀 있고 뒷면에는 모두 0이 하나씩 적혀 있는 6장의 카드가 있다. 이 6장의 카드가 그림과 같이 6 이하의 자연수 k에 대하여 k번째 자리에 자연수 k가 보이도록 놓여 있다.

이 6장의 카드와 한 개의 주사위를 사용하여 다음 시행을 한다.

> 주사위를 한 번 던져 나온 눈의 수가 k이면 k번째 자리에 놓여 있는 카드를 뒤집어 제자리에 놓는다.

위의 시행을 3번 반복한 후 6장의 카드에 보이는 모든 수의 합이 짝수일 확률을 구하시오.

연습지

주머니 안에 스티커가 1개, 2개, 3개 붙어 있는 카드가 각각 1장씩 들어 있다.

주머니에서 임의로 카드 1장을 꺼내어 스티커 1개를 더 붙인 후 다시 주머니에 넣는 시행을 반복한다.

주머니 안의 각 카드에 붙어 있는 스티커의 개수를 3으로 나눈 나머지가 모두 같아지는 사건을 A라 하자.

시행을 6번 하였을 때, 1회부터 5회까지는 사건 A가 일어나지 않고 6회에서 사건 A가 일어날 확률을 구하시오.

연습지

(i) 2의 배수판정법, 5의 배수판정법 : N의 마지막 자리의 수가 2 or 5의 배수면 N도 2 or 5의 배수이다.

(ii) 3의 배수판정법, 9의 배수판정법 : N의 각 자리의 수의 합이 3 or 9의 배수면 N도 3 or 9의 배수이다.

(iii) 11의 배수판정법 : |(N의 홀수 번째 자리의 수들의 합)−(N의 짝수 번째 자리의 수들의 합)|의 값이 11의 배수면, N도 11의 배수이다.

11의 배수판정법이 있으므로 7, 13의 배수판정법도 존재한다.

$7 \times 11 \times 13 = 1001 = 10^3 + 1^3$이기 때문인데, 실전에서 실용적이지 못하니 따로 소개하지 않는다.

증명

n자리 자연수 N은 a_k $(0 \leq a_k \leq 9)$에 대하여 $N = a_1 + \sum_{k=2}^{n} a_k \times 10^{k-1}$ (단, $a_n \neq 0$) 꼴로 표현 가능하다.

예를 들어, $1732 = 2 + (3 \times 10^1 + 7 \times 10^2 + 1 \times 10^3)$이므로 $a_1 = 2$, $a_2 = 3$, $a_3 = 7$, $a_4 = 1$ 이다.

(i) $\sum_{k=2}^{n} a_k \times 10^{k-1}$이 10의 배수이므로 $N \equiv a_1 \pmod{2}$, $N \equiv a_1 \pmod{5}$ 이다.

(ii) $\sum_{k=2}^{n} a_k \times 10^{k-1} \equiv \sum_{k=2}^{n} a_k \times 1^{k-1} \pmod{3, \bmod 9}$ 이므로, $N \equiv \sum_{k=1}^{n} a_k \pmod{3, \bmod 9}$ 이다.

(iii) $\sum_{k=2}^{n} a_k \times 10^{k-1} \equiv \sum_{k=2}^{n} a_k \times (-1)^{k-1} \pmod{11}$ 이므로, $N \equiv \sum_{k=1}^{n} a_k \times (-1)^{k-1} \pmod{11}$ 이다.

위 세 증명을 통해, 배수인지 판정할 수 있을 뿐만 아니라 실제 나머지를 쉽게 구하는 방식으로 이해할 수도 있다.

예제 11 ★★☆☆☆ 연습문제

배수판정법을 이용하여 2024가 11의 배수임을 판정하시오.

연습지

연세대에서 출제 당해연도 혹은 학년도의 숫자를 이용한 정수론 문제를 냈었다.[30]
따라서 최근 연도들을 소인수분해 해놓으면 도움이 될 것이다.

$$2023 = 7 \times 17^2, \ 2024 = 2^3 \times 11 \times 23, \ 2025 = 3^4 \times 5^2, \ 2026 = 2 \times 1013^{[31]}$$
그리고 2027은 무려 소수이다.

cf. 소수인지 판단하기 위해선 그 수의 제곱근 이하의 소수들로만 인수분해를 해보면 충분하다.
예를 들어, $\sqrt{2027} = 45.022...$ 이므로 $2, 3, 5, 7, \cdots, 37, 41, 43$로 2027을 나눠본 후, 나눠지는 경우가 없을 경우에 2027을 소수로 판단해도 무방하다.

5. 수식에도 합동식 써먹기

여러 번 강조하지만, 합동식 성질이나 기호를 답안에 직접적으로 쓸 순 없다.
하지만 풀이 방향을 잡을 때 이 합동식을 쓸 수 있다. 본 시리즈 1편에 나온 수식의 나머지를 활용하는 예제에서 합동식을 활용해보고, 이를 정식답안으로 포장하는 방법을 해설에서 배워보자.

예제 12

★★☆☆☆　　2022 부산대 모의논술

다항식 $g(x) = x^4 + x - 1$에 대하여 다음 명제가 성립함을 수학적 귀납법을 사용하여 증명하시오.
(단, $g^1(x) = g(x)$이고 $g^{n+1}(x) = g(g^n(x))$ 이다.) [32]

'모든 자연수 n에 대하여 $g^n(x)$를 $x^2 - x + 1$ 으로 나눈 나머지는 항상 일정하다.'

연습지

---

30) 2021, 2023학년도에 해당문제를 출제함
31) 1013은 소수이다.
32) 거듭제곱 기호 아니고 함수 합성 기호이므로 주의할 것

자연수 $N = p_1^{a_1} \times p_2^{a_2} \times \cdots \times p_n^{a_n}$ (단, $p_1 < p_2 < \cdots < p_n$인 소수 $p_1, \cdots, p_n$) 에 대하여

양의 약수의 총합 : $(p_1^0 + p_1^1 + \cdots + p_1^{a_1}) \times (p_2^0 + p_2^1 + \cdots + p_2^{a_2}) \times \cdots \times (p_n^0 + \cdots + p_n^{a_n})$

양의 약수의 곱 : $\sqrt{N^n} = N^{\frac{n}{2}}$ (단, n은 자연수 N의 양의 약수의 개수)

양의 약수의 개수 : $(a_1 + 1)(a_2 + 1) \cdots (a_n + 1)$

이때, 약수의 개수가 홀수가 되기 위해선 N이 완전제곱수여야 한다.

예제 13 ★★★★☆ 2023 연세대

연세로에 2023개의 전등이 1번부터 2023번까지 순서대로 놓여 있다. 모든 전등에는 버튼이 달려 있으며, 전등이 꺼져 있을 때 버튼을 누르면 전등이 켜지고, 전등이 켜져 있을 때 누르면 꺼진다. 수험번호가 k인 학생은 연세로를 지나가며 전등 번호가 k의 배수인 모든 전등의 버튼을 누른다고 하자. 다음 물음에 답하시오.

[1] 수험번호가 1부터 2023까지인 총 2023명의 학생이 연세로를 지나갔다. 이때 2023번째 전등의 버튼은 모두 몇 번 눌러졌는가?

[2] 모든 전등이 처음에 꺼져 있는 상태에서 수험번호가 1부터 2023까지인 학생들이 연세로를 지나갔다. 2023명의 학생이 모두 지나간 후, 켜져 있는 전등 중 임의의 전등을 하나 골랐을 때, 그 전등의 버튼이 총 세 번 눌러졌을 확률을 구하시오.

[3] 모든 전등이 처음에 꺼져 있는 상태에서 수험번호가 4부터 2021까지인 학생이 연세로를 지나갔다. 2018명의 학생이 모두 지나간 후 2023개의 전등 중 임의로 하나를 골랐을 때, 그 전등이 켜져 있을 확률을 구하시오.

연습지

[1] $2023 = 7^1 \times 17^2$의 약수의 개수를 구하면 되므로, 총 $(1+1) \times (2+1) = 6$번 눌러졌다.

[2] 전등이 켜져 있으려면 홀수번 눌러야 한다. 즉, 전등의 번호의 약수의 개수가 홀수 개여야 하고, 이러한 번호는 완전제곱수인 $1^2, 2^2, \cdots, 44^2$ 이다. 즉, 2023명의 학생이 모두 지나간 후 켜져 있는 전등의 개수는 44개이다. 이 중 총 세 번 눌러진 전등의 번호는 소수의 완전제곱수이므로, 1 이상 44 이하의 소수 2, 3, 5, 7, 11, 13, 17, 19, 23, 29, 31, 37, 41, 43 으로 총 14개이다. 따라서 $\dfrac{14}{44} = \dfrac{7}{22}$ 이다.

[3] 전등 시행 이후 전등이 켜져 있기 위해서는, <u>4 이상 2021 이하인 약수의 개수가 홀수 개여야 한다.</u>
(1) 전등 번호가 2021 이하인 경우를 조사하자.
(i) 2, 3 중 오직 하나만 약수로 갖는 전등 번호일 때,
　수험번호 1인 학생은 누르고 2, 3인 학생 중 한 학생만 누르게 되므로, 전체 약수의 개수는 홀수개여야 한다.
　즉, 이 경우엔 **완전제곱수여야** 문제의 조건에서도 켜져 있는 전등이 될 수 있다.

(ii) 2, 3을 모두 약수로 갖는 전등 번호일 때,
　원래는 수험번호 1, 2, 3인 학생들이 각각 1번씩 총 3번 누르고 갔어야 하는 전등이었으므로, 전체 약수의 개수는 짝수개여야 한다. 즉, **완전제곱수가 아니어야** 문제의 조건에서도 켜져 있는 전등이 될 수 있다.

(iii) 2, 3을 모두 약수로 갖지 않는 전등 번호일 때,
　수험번호 1인 학생은 누르고 2, 3인 학생들은 누르지 않은 전등이므로, 전체 약수의 개수는 짝수개여야 한다.
　즉, 이 경우엔 **완전제곱수가 아니어야** 문제의 조건에서도 켜져 있는 전등이 될 수 있다.

(i)에 의하면 앞의 문제에서 구한 44개의 완전제곱수이면서 2, 3 중 오직 하나만 약수로 갖는 전등 개수를 세면 되므로, $\left[\dfrac{44}{2}\right] + \left[\dfrac{44}{3}\right] - 2 \times \left[\dfrac{44}{6}\right] = 22$개이다. (cf. 벤다이어그램을 그려서 확인해보면 쉽습니다.)

(ii), (iii)에 의하면 전등 번호는 6으로 나누었을 때 나머지가 0, 1, 5여야 한다. $2021 = 6 \times 336 + 5$ 이므로 총 1010개의 전등이 해당되고, 이 중 완전제곱수인 번호를 가진 전등을 빼줘야 하는데, (i)에서 구한 22개가 아닌 나머지 완전제곱수에 해당하는 44-22=22개[33]를 빼주면 된다. 따라서 총 1010-22=988개이다.

(2) 전등번호가 2022, 2023인 경우를 조사하자.
(iv) 전등 번호가 2022일 때, 2022는 완전제곱수가 아니므로 전체 약수의 개수는 짝수인데 수험번호 1, 2, 3, 2022인 학생들이 이 전등을 누르지 않았으므로 최종적으로 짝수번 눌리게 된다. <u>따라서 켜지지 않는다.</u>

(v) 전등 번호가 2023일 때, 2023은 완전제곱수가 아니므로 전체 약수의 개수는 짝수인데 수험번호 1, 2023인 학생들이 이 전등을 누르지 않았으므로 최종적으로 짝수번 눌리게 된다. <u>따라서 켜지지 않는다.</u>

　종합하면, (i)~(v)에 의하여 총 22+988=1010개 임을 알 수 있고, 구하려는 확률은 $\dfrac{1010}{2023}$ 임을 알 수 있다.

---

33) (=완전제곱수이면서 (i)의 여집합 관계에 속하는 숫자들. 괜히 22가 2번 나와서 헷갈릴 수 있는데, 구분지어 잘 이해해보자.)

문자가 2개면 식이 2개여야 풀리는 게 일반적이지만, 자연수 조건과 함께라면 식이 1개여도 순서쌍들이 확정되는 경우가 있다. 그러기 위해선 최대한 식을 곱의 형태로 변형하는 것이 좋다.

예를 들어 $mn = 2n + 3m + 1$을 만족하는 자연수 순서쌍 (m, n)을 구하는 문제를 풀기 위해선
$mn = 2n + 3m + 1 \Leftrightarrow (m-2)(n-3) = 7$와 같이 변형한 후 $(m-2, n-3)$으로 가능한 정수 순서쌍
$(-1, -7), (-7, -1), (1, 7), (7, 1)$을 모두 적어 조사해본다. 이 중 가능한 자연수 순서쌍 (m, n)은 $(3, 10), (9, 4)$
임을 알 수 있다.

또한 문제의 우변에 있는 7이 $7k$와 같이 추가적인 변수로 나온 경우 (ex. $(m-2)(n-3) = 7k$) 에도, 우변이 7의 배수이므로
$m \equiv 2 \pmod 7$ or $n \equiv 3 \pmod 7$ 이어야 함을 문제풀이에 활용할 수도 있기 때문에, 정수 조건이 있는 부정방정식은 무조건 곱의 형태로 바꾼 후 관찰하도록 하자.

예제 14　　　　　　　　　　★★★☆☆　　2020 한양대 모의

> **제시문**
>
> (가) 자연수 n 에 대하여 평면 위의 두 점 $\left(\frac{1}{2}n(n-1), n-1 \right)$과 $\left(\frac{1}{2}n(n+1), n \right)$ 을 지나는 직선을 L_n 이라 하고,
> 　　직선 L_n 과 x 축이 만나서 이루는 예각을 α_n 이라 하자.
>
> (나) 자연수 k 에 대하여, $\alpha_k = \alpha_n + \alpha_m$ 이고 $n < m$ 인 자연수 n, m 의 순서쌍 (n, m) 의 개수를 $f(k)$ 라 하자.
>
> (다) 자연수 n 에 대하여, 평면이 n 개의 직선 $L_1, L_2, \cdots, L_n$ 에 의해 나뉘는 영역의 개수를 $g(n)$ 이라 하자.
> 　　$g(1) = 2$, $g(2) = 4$ 임을 쉽게 확인할 수 있다.

[1] $\alpha_2 + \alpha_3$ 의 값을 구하시오.

[2] $f(k) = 3$ 을 만족시키는 가장 작은 자연수 k 를 구하고, 이때 순서쌍 (n, m) 을 모두 구하시오.

[3] $g(n) > 2020$ 을 만족시키는 가장 작은 자연수 n 을 구하시오.

더블카운팅

더블카운팅이란, 어떠한 등식을 증명할 때 양변의 의미가 같음을 밝힘으로써 식의 값도 같다고 증명해내는 방식을 의미한다. (더 넓은 의미로는, 수학적 계산 보다는 식의 의미를 부여하여 어떠한 명제를 증명하는 방식)
제일 많은 예시가 있는 단원은 [순열과 조합] 단원이다.

$$_nC_r = {}_{n-1}C_{r-1} + {}_{n-1}C_r$$

위 공식은 매우 유명한 공식이다. (파스칼 삼각형을 이루는 공식으로 알려져있다.) 이를 증명하는 일반적인 방법은, 조합의 정의 $_nC_r = \dfrac{n!}{(n-r)! \times r!}$ 을 이용하여 수식적으로 증명하는 방법도 있다.

하지만 이를 더블카운팅으로 해석하면 다음과 같다.

좌변의 $_nC_r$은 n명 중 r명을 고르는 경우의 수를 의미하는데, 이를 현실에 비유해보면
n명의 우리나라 축구선수 중 월드컵에 출전할 대한민국 국가대표 r명을 고르는 경우의 수가 좌변의 의미다.
그런데 국가대표에 이강인 선수(이하 L이라 한다.) 가 포함될 수도, L이 포함되지 않을 수도 있다.
L이 포함된다면, L을 제외한 $(n-1)$명 중 $(r-1)$명을 골라야 국가대표 r명이 완성된다. ⋯ ①
L이 포함되지 않는다면, L을 제외한 $(n-1)$명 중 r명을 골라야 국가대표 r명이 완성된다. ⋯ ②
좌변이나, ①과 ②를 더한 우변이나 결국 두 방법 모두
대한민국 국가대표를 결정하는 방법의 수를 구한 방법
임은 틀림없으므로, 좌변=우변이고 따라서 $_nC_r = {}_{n-1}C_{r-1} + {}_{n-1}C_r$ 인 것이다.
이러한 의미부여를 통해 보이기 어려운 명제를 보이는 방식을 더블카운팅이라 한다.

│ 더블카운팅의 의미확장

이 문제의 정답은 A이지만, 그와 다른 A'을 데려와서 이 A'과 찐 정답인 A가 같은 의미임을 설명함으로써 내 정답인 A'가 이 문제의 정답이라고 주장하는 방법도 더블카운팅이라고 할 수 있다.
예를 들어, 10\$짜리 고기 / 1\$짜리 햇반 / 2\$짜리 음료수 이렇게 딱 세 종류만 파는 어느 고기집의 하루 매출을 계산하는 문제가 나왔다고 하자.

이 문제에서는 각 테이블의 요금의 $f(k)$을 다 더해서 $\displaystyle\sum_{k=1}^{n} f(k)$ 으로 하루 매출을 구하라고 했지만, 각 테이블에서 시킨 고기/

햇반/음료수의 조합이 너무 다양하여 시그마를 풀기 어렵다고 판단했다고 하자.

(즉, $f(k)$가 복잡해서 $\displaystyle\sum_{k=1}^{n} f(k)$를 구하기 어려운 상황. 예를 들어 $\displaystyle\sum_{k=1}^{n} \left[\dfrac{6k^2+k}{2k+1} \right]$ 같은 느낌!!)

이때, 다른 방법으로 고깃집의 하루 매출을 계산하는 방법은 무엇이 있을까?

고기가 총 p 인분, 햇반이 총 q 공기, 음료수가 총 r 병 나간 것을 품목별로 각각 세어본다면,

가게의 총 매출을 $(10 \times p + 1 \times q + 2 \times r)$\$ 로 구할 수 있다. 앞서 더할 항이 많았던 $\displaystyle\sum_{k=1}^{n} f(k)$을 풀기보다는 오직 세 품목의

판매액에 집중한 것이다.

결국, 이 방식은 마치 $\dfrac{y-2}{x-1}$ 란 식을 수능에서 두 점 $(1, 2)$, (x, y) 사이의 기울기라고 해석한 것과 다를 바 없다.

Just, 발상의 전환 = 더블카운팅

자연수 n에 대하여 방정식 $x+y+z=n+2$를 만족시키는 세 자연수 x, y, z의 순서쌍 (x, y, z) 전체의 집합을

$$\{(x_1, y_1, z_1),\ (x_2, y_2, z_2),\ \cdots,\ (x_m, y_m, z_m)\}$$

이라 하자. $\sum_{k=1}^{m}\left(x_k^2+y_k^2+z_k^2\right)$ 을 n에 대하여 인수분해된 식으로 나타내어라.

연습지

Idea.1 $(a,\ b,\ c)$ 가 주어진 집합의 원소이면 a , b , c 의 순서를 바꿔도 주어진 집합의 원소가 되므로

$$\sum_{k=1}^{m} {x_k}^2 = \sum_{k=1}^{m} {y_k}^2 = \sum_{k=1}^{m} {z_k}^2 \text{ 이다. 따라서 } \sum_{k=1}^{m} \left({x_k}^2 + {y_k}^2 + {z_k}^2\right) = 3\sum_{k=1}^{m} {x_k}^2 \text{ 이다.}$$

Idea.2 $x_k = l\ (l=1,\ 2,\ 3,\ \cdots,\ n)$ 일 때 가능한 y_k, z_k 의 순서쌍 $(y_k,\ z_k)$ 는

$$(1,\ n-l+1),\ (2,\ n-l),\ \cdots,\ (n-l+1,\ 1)$$

로 총 $(n-l+1)$ 개다. 따라서

$$\sum_{k=1}^{m} {x_k}^2 = \sum_{l=1}^{n} l^2 (n-l+1)$$

이다. 따라서

$$\sum_{k=1}^{m} {x_k}^2 = (n+1)\sum_{l=1}^{n} l^2 - \sum_{l=1}^{n} l^3$$

$$= \frac{(n+1)n(n+1)(2n+1)}{6} - \frac{n^2(n+1)^2}{4} = \frac{n(n+1)^2(n+2)}{12}$$

이므로 $\sum_{k=1}^{m} \left({x_k}^2 + {y_k}^2 + {z_k}^2\right) = 3\sum_{k=1}^{m} {x_k}^2 = \dfrac{n(n+1)^2(n+2)}{4}$ 이다.

TIP

$\displaystyle\sum_{k=1}^{m} \left({x_1}^2 + {y_k}^2 + {z_k}^2\right)$ 을 구하려면 $({x_1}^2 + {y_1}^2 + {z_1}^2) + ({x_2}^2 + {y_2}^2 + {z_2}^2) + \cdots + ({x_n}^2 + {y_n}^2 + {z_n}^2)$ 을 괄호 순서

대로 차근차근 더하거나, x_k 를 k에 대한 식으로 표현하여 k에 대한 시그마 $\displaystyle\sum_{k=1}^{m} {x_k}^2$ 를 풀어내야할 것 같다는 것이 일감

이지만, 이를 새로운 문자에 대한 시그마인 $\displaystyle\sum_{l=1}^{n} l^2(n-l+1)$ 의 값과 같음을 설명하고서 쉽게 구했다. 이 두 아이디어의

연계과정을 '더블 카운팅'으로 생각할 수 있다.

자연수 n에 대하여 다음 조건을 모두 만족시키는 두 자연수 x와 y의 순서쌍 (x, y)의 개수를 a_n이라 하자.

$N = 2^{2018} - 1$일 때, $\displaystyle\sum_{k=1}^{N} a_k$의 값을 구하여라.

(1) $y = \dfrac{n}{2^x}$

(2) $y \leq 2^x$

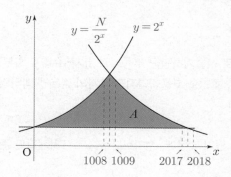

그림과 같이 좌표평면에서 연립부등식 $y \leq \dfrac{N}{2^x}$, $y \leq 2^x$, $y \geq 1$ 을 만족시키는 좌표들을 표현한 영역을 A 라

하자.[34] $1 \leq n \leq N$ 인 자연수 n 에 대하여 $y = \dfrac{n}{2^x}$ 과 $y \leq 2^x$ 을 모두 만족시키는 점 (x, y) $(x, y$ 는 자연수)는

영역 A 에 속하고, $m \neq n$ 이면 두 곡선 $y = \dfrac{m}{2^x}$, $y = \dfrac{n}{2^x}$ 은 만나지 않는다. 한편 영역 A 에 있는 점 (p, q)

$(p, q$ 는 자연수)에 대하여 $r = q^{2^p}$ 라 두면 $r \leq N$ 이고 점 (p, q) 는 곡선 $y = \dfrac{r}{2^x}$ 에 있으며 $q \leq 2^p$ 이다.

따라서 $\displaystyle\sum_{k=1}^{N} a_k$ 는 영역 A 에 포함되는 점 (x, y) $(x, y$ 는 자연수)의 개수와 같다.

(이 부분이 더블카운팅 해석에 속함)

$x \geq 2018$ 이면 $y \leq \dfrac{N}{2^x} \leq \dfrac{2^{2018} - 1}{2^{2018}} < 1$ 이므로 $y \leq \dfrac{N}{2^x}$ 을 만족시키는 두 자연수 x, y 의 순서쌍 (x, y) 가

존재하지 않는다. 또한 $\dfrac{N}{2^x} = 2^x$ 이면 $2^{2017} < 2^{2x} = N < 2^{2018}$ 이므로 $1008 < x < 1009$ 이다.

두 곡선 $y = 2^x$, $y = \dfrac{N}{2^x}$ 의 교점의 x 좌표는 1008보다 크고 1009보다 작으므로,

따라서 자연수 x 에 대하여 $1 \leq x \leq 1008$ 이면 $1 \leq y \leq 2^x$ 인 자연수 y 의 개수는 2^x 이고

$1009 \leq x \leq 2017$ 이면 $1 \leq y \leq \dfrac{N}{2^x} = 2^{2018-x} - 2^{-x}$ 인 자연수 y 의 개수는 $2^{2018-x} - 1$ 이다.

그러므로

$$\sum_{k=1}^{N} a_k = \sum_{p=1}^{1008} 2^p + \sum_{p=1009}^{2017} (2^{2018-p} - 1)$$
$$= \sum_{p=1}^{1008} 2^p + \sum_{p=1}^{1009} (2^p - 1) = 3 \cdot 2^{1009} - 1013$$

이다.

---

34) cf. 부등식의 영역은 교육과정에서 제외됐지만, 단순히 곡선의 위/아래 중 어디에 점이 포함되는가 정도는 수리논술의 선에서 출제될
수 있다는 판단하에 문제를 넣었다. 마치 삼각치환적분/두배각공식과 같이 말이다.

4-3

Chapter 4. Advanced Theme

절대부등식

논술에서 자주 쓰이는 부등식의 쌍두마차로 산술기하평균 부등식과 코시-슈바르츠 부등식이 있다.

전자의 경우는 언제 나와도 이상하지 않은, 초빈출 부등식이지만 후자의 경우엔 벡터의 영향력이 약해진 현 교육과정에서 비교적 힘을 잃은 편이다.

하지만 증명은 이차부등식으로 쉽게 할 수 있기 때문에, 전자보다는 소프트하게라도 준비해놓을 필요가 분명 있는 부등식이다.

1. 산술기하평균 부등식

임의의 양수 $a_1,\ a_2,\ a_3,\ \cdots,\ a_n$에 대하여

$$\frac{a_1 + a_2 + \cdots + a_n}{n} \geq \sqrt[n]{a_1 a_2 \cdots a_n}$$

이 성립하고, 등호는 $a_1 = a_2 = \cdots = a_n$일 때 성립한다.

> **증명**
>
> | 증명1 : 미분 활용
>
> $f(x) = \dfrac{a_1 + \cdots + a_{n-1} + x}{n} - \sqrt[n]{a_1 a_2 \cdots a_{n-1} x}$ (단, $x > 0$)라 두면
>
> $f'(x) = \dfrac{1}{n} - \dfrac{1}{n}(a_1 a_2 \cdots a_{n-1})^{\frac{1}{n}} \times x^{\frac{1}{n} - 1}$, $f''(x) = \dfrac{1}{n} \times \left(1 - \dfrac{1}{n}\right) \times (a_1 a_2 \cdots a_{n-1})^{\frac{1}{n}} \times x^{\frac{1}{n} - 2} > 0$이 된다.
>
> 따라서 $f'(x) = 0$인 $x = \sqrt[n-1]{a_1 a_2 \cdots a_{n-1}}$에서 극솟값이자 최솟값을 가짐을 알 수 있다.
>
> (이 때 $\sqrt[n-1]{a_1 a_2 \cdots a_{n-1}} = x_0$라 하자.)
>
> 따라서 $f(x) \geq 0$는 $f(x)$의 최솟값이 0 이상일 때이므로,
>
> $f(x_0) = \dfrac{a_1 + a_2 + \cdots + a_{n-1} - (n-1)\sqrt[n-1]{a_1 a_2 \cdots a_{n-1}}}{n} \geq 0$, $\dfrac{a_1 + a_2 + \cdots + a_{n-1}}{n-1} \geq \sqrt[n-1]{a_1 a_2 \cdots a_{n-1}}$
>
> 일 때와 동치이고, 같은 과정을 반복하면 결국 $\dfrac{a_1 + a_2}{2} \geq \sqrt{a_1 a_2}$ 와 동치가 된다.
>
> 이 부등식은 $\left(\sqrt{a_1} - \sqrt{a_2}\right)^2 \geq 0$인 절대부등식이므로 항상 성립하므로
>
> $f(a_n) = \dfrac{a_1 + \cdots + a_{n-1} + a_n}{n} - \sqrt[n]{a_1 a_2 \cdots a_{n-1} a_n} \geq 0$으로 증명되었다.

예제 17

★★★☆☆   2018 한양대 모의논술

[1] 양의 실수 x에 대하여 $f(x) = \dfrac{8 + x}{3} - \sqrt[3]{15x}$ 의 최솟값을 구하시오.

[2] 모든 양의 실수 x에 대하여 $g(x) = \dfrac{10 + x}{5} - \sqrt[5]{24x} > 0$ 임을 보이시오.

[3] 임의의 양의 실수 a_1, a_2, $\cdots$, a_{2017} 에 대하여 다음 부등식이 성립함을 보이시오.

$$\frac{a_1 + \cdots + a_{2017}}{2017} \geq \sqrt[2017]{a_1 \cdots a_{2017}}$$

연습지

| 증명2 : 젠센부등식을 이용한 증명

앞에서 이미 다뤘다.

| 증명3 : 작은 자연수 n에 대한 증명 노가다

(i) $n = 2$일 때

　$\dfrac{a_1 + a_2}{2} \geq \sqrt{a_1 a_2}$ 증명은 완전제곱식으로!!

(ii) $n = 4$일 때

　i)에 의하여 $\dfrac{a_1 + a_2}{2} \geq \sqrt{a_1 a_2}$, $\dfrac{a_3 + a_4}{2} \geq \sqrt{a_3 a_4}$

　$\dfrac{a_1 + a_2}{2} = A$, $\dfrac{a_3 + a_4}{2} = B$ 라 하고 두 개짜리 산술기하평균 부등식을 쓰면 $\dfrac{A + B}{2} \geq \sqrt{AB}$, 즉

　$\dfrac{a_1 + a_2 + a_3 + a_4}{4} \geq \sqrt{\dfrac{a_1 + a_2}{2} \times \dfrac{a_3 + a_4}{2}} \geq \sqrt{\sqrt{a_1 a_2} \times \sqrt{a_3 a_4}} = \sqrt[4]{a_1 a_2 a_3 a_4}$

　(1st 등호조건: $\dfrac{a_1 + a_2}{2} = \dfrac{a_3 + a_4}{2}$, 2nd 등호조건 $a_1 = a_2$, $a_3 = a_4$을 동시에 만족시키는 종합 등호조건은

　$a_1 = a_2 = a_3 = a_4$이다.)

(iii) $n = 3$일 때

　$\dfrac{a_1 + a_2 + a_3 + a_4}{4} \geq \sqrt[4]{a_1 a_2 a_3 a_4}$ 에 $a_4 = \dfrac{a_1 + a_2 + a_3}{3}$ 를 대입하면

　$\dfrac{a_1 + a_2 + a_3 + \dfrac{a_1 + a_2 + a_3}{3}}{4} \geq \sqrt[4]{a_1 a_2 a_3 \dfrac{a_1 + a_2 + a_3}{3}}$ 에서

　좌변은 $\dfrac{a_1 + a_2 + a_3}{3}$, 우변은 $\sqrt[4]{a_1 a_2 a_3} \times \sqrt[4]{\dfrac{a_1 + a_2 + a_3}{3}}$ 이므로 정리해주면

　$\dfrac{a_1 + a_2 + a_3}{3} \geq \sqrt[3]{a_1 a_2 a_3}$ 임을 알 수 있다. 이때 등호조건은 $a_1 = a_2 = a_3 = \dfrac{a_1 + a_2 + a_3}{3}$ 이다.

✅ **TIP**

n의 값이 2, 3, 4 일 때 순서대로 차근차근 증명하는 것을 떠올리기 쉬우나, 몇몇 절대부등식은 n의 값이 2, 4, 3 순으로 증명하는 것이 정배인 경우가 있다. (젠센 부등식도 마찬가지 순서대로 소규모 증명 가능)

제시문

두 양의 실수 a, b에 대하여 다음 부등식이 성립함은 잘 알려져 있다.
(단, 등호는 $a = b$일 때 성립한다.)

$$\frac{a+b}{2} \geq \sqrt{ab}$$

이를 이용하면 네 양의 실수 a, b, c, d에 대하여 다음 부등식이 성립함을 보일 수 있다.
(단, 등호는 $a = b = c = d$일 때 성립한다.)

$$\frac{a+b+c+d}{4} \geq \sqrt[4]{abcd}$$

세 양의 실수 a, b, c가 $a + 2b + c = 4$를 만족시킬 때, 다음 부등식이 성립함을 설명하시오.
그리고 등호가 성립할 때, a, b, c의 값을 각각 구하시오.

$$\frac{1}{4-a} + \frac{2}{4-b} + \frac{1}{4-c} \geq \frac{4}{3}$$

연습지

벡터의 내적이 정규교육과정일 때에는 상당히 출제가 많이 되던 부등식이다.
하지만 벡터를 도입하지 않고도 고교과정 내에서 증명이 되는 부등식이기 때문에, 잘 기억해두자.

| 코시-슈바르츠 부등식

$a_1,\ \cdots,\ a_n$과 $b_1,\ \cdots,\ b_n$이 0이 아닌 실수일 때, 다음이 성립한다.

$$\left(a_1^2 + a_2^2 + \cdots + a_n^2\right)\left(b_1^2 + b_2^2 + \cdots + b_n^2\right) \geq \left(a_1 b_1 + a_2 b_2 + \cdots + a_n b_n\right)^2 \quad \text{(단, 등호조건은 } \frac{a_1}{b_1} = \frac{a_2}{b_2} = \cdots = \frac{a_n}{b_n}\text{)}$$

증명

$f(x) = (b_1 x - a_1)^2 + (b_2 x - a_2)^2 + \cdots + (b_n x - a_n)^2$이라 하면, 모든 실수 x에 대하여 $f(x) \geq 0$임이 자명하므로 $f(x) = 0$의 실근의 개수는 1 이하여야 한다.

따라서 $f(x) = \left(b_1^2 + b_2^2 + \cdots + b_n^2\right)x^2 - 2\left(a_1 b_1 + a_2 b_2 + \cdots + a_n b_n\right)x + \left(a_1^2 + a_2^2 + \cdots + a_n^2\right)$ 의 판별식이
0 이하여야 하므로 $D/4 = \left(a_1 b_1 + a_2 b_2 + \cdots + a_n b_n\right)^2 - \left(a_1^2 + a_2^2 + \cdots + a_n^2\right)\left(b_1^2 + b_2^2 + \cdots + b_n^2\right) \leq 0$.
따라서 $\left(a_1^2 + a_2^2 + \cdots + a_n^2\right)\left(b_1^2 + b_2^2 + \cdots + b_n^2\right) \geq \left(a_1 b_1 + a_2 b_2 + \cdots + a_n b_n\right)^2$가 성립한다.

이때 이 부등식이 등호인 상황은 $f(x) = 0$의 실근이 오직 하나 존재할 때이며, 그 때에는 $f(x) = 0$인 유일한 x가
$\dfrac{a_1}{b_1},\ \dfrac{a_2}{b_2},\ \cdots,\ \dfrac{a_n}{b_n}$ 의 값일 때다. 이때, 이 모든 값이 같은 값이어야 하므로 따라서 등호조건은 $\dfrac{a_1}{b_1} = \dfrac{a_2}{b_2} = \cdots = \dfrac{a_n}{b_n}$
일 때이다. □

| 따름정리 : T2 도움정리

$c_1,\ \cdots,\ c_n$가 0이 아닌 실수이고 $d_1,\ \cdots,\ d_n$이 양수일 때,

$$\frac{c_1^{\,2}}{d_1} + \frac{c_2^{\,2}}{d_2} + \cdots + \frac{c_n^{\,2}}{d_n} \geq \frac{(c_1 + c_2 + \cdots + c_n)^2}{d_1 + d_2 + \cdots + d_n} \quad \text{(단, 등호조건은 } \frac{c_1}{d_1} = \frac{c_2}{d_2} = \cdots = \frac{c_n}{d_n}\text{)}$$

증명

코시슈바르츠 부등식에 $a_k = \dfrac{c_k}{\sqrt{d_k}},\ b_k = \sqrt{d_k}$를 대입하면 알 수 있고, 등호조건 역시 대입해보면 모양이 유지됨을
알 수 있다.

T2 도움정리를 이용하여 아래 부등식을 증명하시오.

세 양의 실수 a, b, c가 $a+2b+c=4$를 만족시킬 때, 다음 부등식이 성립함을 설명하시오.

$$\frac{1}{4-a}+\frac{2}{4-b}+\frac{1}{4-c} \geq \frac{4}{3}$$

연습지

실전논제 풀어보기

| 논제 해설 위치

논제에 대한 해설은 해설집의 '예제 해설 모음' 뒤에 있는 '논제 해설 모음'에 있습니다.

| 답안지 Box의 점선 줄 활용법

ⓐ 점선 줄 위에서부터 답안의 첫 두 줄을 시작해서, 이 줄에 맞춰서 아래 답안들도 줄이 삐뚤어지지 않도록 맞춰 써보세요.
　읽기 편한 글씨와 줄 맞춰 쓰는 채점자에게 좋은 인상을 줄 수 있는 기본기입니다 :)

ⓑ 줄 맞춰 쓸 연습이 필요 없다면, 이 문제에 쓰이는 필수 Idea를 필기하는 공간으로 활용하세요.

논제 **16**　　　　　　　　　　　　★★☆☆☆　　　2019 숙명여대

다음와 같이 귀납적으로 정의된 수열 $\{b_n\}$에 대하여 다음 문제에 답하시오.

$$b_1 = 2, \ b_{n+1} = b_n{}^2 - 3b_n + 3 \ (n = 1, 2, 3, \cdots)$$

[1] 모든 자연수 n에 대하여 b_n이 3의 배수가 아님을 수학적 귀납법을 이용하여 증명하시오.

[2] 임의의 두 자연수 $m, i \ (m > i)$에 대하여 b_m과 b_i는 항상 서로소임을 증명하시오.

연습지

제시문 일부

〈가〉

자연수 n이 양의 약수의 총합이 $2n$이 될 때, n을 완전수라 부른다.

예를 들어, 6은 양의 약수가 $1,2,3,6$이므로, 이를 모두 더한 값이 6의 2배가 되어 완전수이다.

또 다른 예로, 28은 양의 약수가 $1,2,4,7,14,28$이므로, 이를 모두 더하면 28의 2배가 되어 완전수이다.

이보다 더 큰 완전수로는 $496, 8128$등이 있으며, 완전수가 유한한지 아니면 무한히 많은지는 알려져 있지 않다.

자연수 n을 소인수분해 하였을 때, $n = pq$ (단, p, q는 $p < q$인 소수)인 경우 n이 완전수가 되는지 알아보자.

$n = pq$의 양의 약수는 $1, p, q, pq$ 이므로, 약수들의 합은 $1 + p + q + pq$ 이다.

따라서, n이 완전수가 되기 위하여 $1 + p + q + qp = 2pq$, 즉 $pq - p - q - 1 = 0$이 돼야 한다. 이를 풀면 $p = 2, q = 3$이 되어야 함을 확인할 수 있다. 그러므로 두 소수의 곱인 완전수는 6이 유일함을 알 수 있다.

이제 자연수 n이 $n = 4m$ (m은 홀수)일 때, n이 완전수가 될 조건을 구해보자.

m이 홀수이므로, n의 양의 약수는 m의 양의 약수를 1배, 2배, 4배한 수이다.

m의 양의 약수의 총합을 $f(m)$이라 하면, n의 양의 약수의 총합은 $(1 + 2 + 4)f(m) = 7f(m)$이다.

그러므로 n이 완전수라면 $7f(m) = 8m$을 만족시킨다.

이때 7은 소수이므로, m은 7의 배수이다. $m = 7k$ (k는 자연수)로 두면 $f(m) = 8k$이다.

만약 $k \geq 2$이면 $1, k, 7k$가 모두 서로 다른 m의 양의 약수이므로, $f(m) \geq 1 + k + 7k = 8k + 1$이 되어 모순이다.

만약, $k = 1$이라면 $n = 28$이고 이는 완전수이다. 따라서, $n = 4m$인 완전수는 28뿐임을 알 수 있다.

[1] 자연수 n이 $n = p^k$이면 n이 완전수가 아님을 보이시오. (단, p는 소수이고, k는 자연수이다.)

[2] 자연수 n이 $n = 8m$ (m은 홀수)이면, n이 완전수가 아님을 보이시오.

연습지

제시문

자연수 N에 대하여 다음 조건을 만족시키는 모든 홀수 m의 값의 합을 $f(N)$이라 하자.

(가) 등차수열 $\{a_n\}$은 첫째항이 자연수이고 공차가 1 이다.

(나1) $\displaystyle\sum_{k=1}^{m} a_k = N$ 이다.

예를 들어, $N = 21$인 경우에 아래의 두 가지만 가능하므로 $f(21) = 1 + 3 = 4$ 이다.

$$21 = \sum_{k=1}^{1}(20+k) \ \text{and} \ 21 = 6 + 7 + 8 = \sum_{k=1}^{3}(5+k)$$

자연수 N과 홀수 m에 대하여 다음 조건을 만족시키는 수열 $\{a_n\}$의 첫째항이 될 수 있는 자연수의 개수를 $g_N(m)$이라 하자.

(가) 등차수열 $\{a_n\}$은 첫째항이 자연수이고 공차가 1 이다.

(나2) $\displaystyle\sum_{k=1}^{m} a_k \leq N$ 이다.

다음 물음에 답하시오.

[1] N을 m으로 나눈 나머지가 r일 때, $g_N(m)$을 N, m, r를 이용하여 나타내시오.

[2] $\displaystyle\sum_{N=1}^{200} f(N)$의 값을 구하시오.

연습지

답안지

제시문 일부

양의 실수 a, b에 대하여 산술평균 $\dfrac{a+b}{2}$와 기하평균 $\sqrt{ab}$는

$$\sqrt{ab} \leq \frac{a+b}{2} \text{ (단, 등호는 } a=b \text{일 때 성립한다.)}$$

을 만족한다. 마찬가지로, n개의 양의 실수 x_1, x_2, x_3, ..., x_n에 대하여

$$\sqrt[n]{x_1 x_2 ... x_n} \leq \frac{x_1 + x_2 + ... + x_n}{n} \text{ 또는 } x_1 x_2 ... x_n \leq \left(\frac{x_1 + x_2 + ... + x_n}{n}\right)^n$$

(단, 등호는 $x_1 = x_2 = ... = x_n$일 때 성립한다.)

이 성립한다. 이 부등식을 산술/기하평균 부등식이라 한다.

[1] 수열 $a_n = \left(1 + \dfrac{1}{n}\right)^n$에 대하여,

  (a) 함수 $y = \ln(1+x)$ $(x \geq 0)$의 그래프를 이용하여, $a_n < a_{n+1}$임을 보이시오.

  (b) 제시문과 $x_1 = x_2 = \cdots = x_n = 1 + \dfrac{1}{n}$ 과 $x_{n+1} = 1$ 을 이용하여, $a_n < a_{n+1}$임을 보이시오.

[2] 모든 자연수 n과 등식 $\dfrac{1}{p} + \dfrac{1}{q} = 1$ 을 만족하는 실수 p $(p > 1)$ 와 양의 정수 q $(q > 1)$에 대하여

$$\left(1 + \frac{1}{n}\right)^n \leq p^q$$

임을 보이시오.

연습지

제시문

1 이하의 모든 양의 실수 a, b, c와 $abcd = 1$을 만족시키는 실수 d에 대하여 부등식

$$a+b+c+d+\frac{1}{abc+abd+acd+bcd} \geq M$$

을 만족시키는 양의 실수 M의 최댓값을 다음과 같이 구하고자 한다.
위 부등식을 아래와 같이 쓰자.

$$a+b+c+\frac{1}{abc}+\frac{1}{abc+\frac{1}{a}+\frac{1}{b}+\frac{1}{c}} \geq M$$

$f(x)=a+b+x+\dfrac{1}{abx}+\dfrac{1}{abx+\frac{1}{a}+\frac{1}{b}+\frac{1}{x}}$ (단, $0 < x \leq 1$) 이라 하면,

$$f'(x)=\frac{\boxed{(\text{ㄱ})}}{x^2}\left\{\frac{1}{\left(abx+\frac{1}{a}+\frac{1}{b}+\frac{1}{x}\right)^2}-\frac{1}{ab}\right\} \leq 0$$

이므로 $f(c) \geq f(1)$이 성립한다.
이번에는 $f(1) = g(b)$가 되도록

$g(x)=a+x+1+\dfrac{1}{ax}+\dfrac{1}{ax+\frac{1}{a}+\frac{1}{x}+1}$ (단, $0 < x \leq 1$)이라 하면,

$g'(x) \leq 0$이므로 $g(b) \geq g(1)$이 성립한다.
마지막으로 $g(1)=h\left(a+\dfrac{1}{a}+2\right)$가 되는 $h(x)$를 생각하면……

(이하 생략35))

[1] 제시문의 (ㄱ)에 알맞은 수식을 쓰고 $f'(x) \leq 0$인 이유를 설명하시오.

[2] 제시문에서 생략된 마지막 과정을 완성하여 M의 최댓값을 구하시오.

[3] 다음 부등식을 만족시키는 양의 실수 K의 최댓값을 제시문과 동일한 방법으로 구하시오.
(단, 실수 a, b, c, d는 제시문과 동일한 조건을 만족한다.)

$$2(a+b+c+d)+\frac{17}{abc+abd+acd+bcd} \geq K$$

---

35) 찍 대학에서 쓴 표현임을 밝힌다. 저자가 귀찮아서 제시문 다 안 쓴 거 아님 :)

Show
and
Prove

기대T 수리논술 수업 상세안내

수업명	수업 상세안내 (지난 수업 영상수강 가능)
정규반 프리시즌 (2월)	- 수리논술만의 특징인 '답안작성 능력'과 '증명 능력'을 향상시키는 수업 - 수험생은 물론 강사들도 가진 '증명구조 오개념'을 확실히 타파해주는 수학전공자의 수업 - '뭐든 적어내면 부분점수'는 옛말! 단계별 채점원리 및 정제된 논리 전개법 전수
정규반 시즌1 (3월)	- 수능/내신 공부와 다른 수리논술 공부의 결 & 방향성을 잡아주는 수업 - 삼각함수 & 수열의 콜라보 등 논술형 발전성을 체감해볼 수 있는 실전 내용 수업
정규반 시즌2 (4~5월)	- 수리논술에서 60% 이상의 비중을 차지하는 수리논술용 미적분을 집중 해석하는 수업 - 수리논술에도 존재하는 행동영역을 통해 고난도 문제의 체감 난이도를 낮춰주는 수업 - 대학의 모범답안을 보고도 '이런 아이디어를 내가 어떻게 생각해내지?' 　라는 생각이 드는 학생들도 납득 가능하고 감탄할만한 문제접근법을 제시해주는 수업
정규반 시즌3 (6~7월)	- 상위권 대학의 합격 당락을 가르는 고난도 주제들을 총정리하는 수업 - 아래 학교의 수리논술 합격을 바라는 학생들이라면 강추 　(메디컬, 고려, 연세, 한양, 서강, 서울시립, 경희, 이화, 숙명, 세종, 서울과기대, 인하)
선택과목 특강 (선택확통+선택기하)	- 수능/내신의 빈출 Point와의 괴리감이 제일 큰 두 과목인 확통/기하의 내용을 철저히 수리 　논술 빈출 Point에 맞게 피팅하여 다루는 Compact 강의 (영상수강 전용 강의) - 총 6강 (확통/기하 3강씩) 으로 구성된 실전+심화 수업 (교과서 개념 선제적 학습 필요) - 상위권 학교 지원자들은 꼭 알아야 하는 필수내용 / 6월 또는 7월 내로 완강 추천
Semi Final (8월)	- 본인에게 유리한 출제 스타일인 학교를 탐색하여 원서지원부터 이기고 들어갈 수 있도록 　태어난 새로운 수업 (모든 대학을 출제유형별로 A그룹~D그룹으로 분류 후 분석) - 최신기출 (작년 기출+올해 모의) 중 주요문항 선별 통해 주요대학 최근출제경향 파악
고난도 문제풀이반 For 메디컬/고/연/서성한시	- 2월~8월 사이 배운 모든 수리논술 실전개념들을 고난도 문제에 적용해보는 수업 - 전형적인 고난도 문제부터 출제될 시 경쟁자와 차별될 수 있는 창의적 신유형 문제까지 다양 　하게 만나볼 수 있는 수업
학교별 Final (수능전 / 수능후)	- 학교별로 고유 출제스타일에 맞는 문제들만 정조준하여 분석하는 Final 수업 - 빈출주제 특강 + 예상문제 모의고사 응시 후 해설 & 첨삭 - 고승률 문제접근 Tip을 파악하기 쉽도록 기출선별자료집 제공 (학교별 상이)
첨삭	수업형태 (현장강의 수강, 온라인 수강) 상관없이 모든 학생들에게 첨삭이 제공됩니다. 1차 서면첨삭 후 학생이 첨삭내용을 제대로 이해했는지 확인하기 위해, 답안을 재작성하여 2차 대면첨삭영상을 추가로 제공받을 수 있습니다. 이를 통해 학생은 6~10번 이내에 합격급으로 논리적인 답안을 쓸 수 있게 되며, 이후에는 문제풀이 Idea 흡수에 매진하면 됩니다.

* 자세한 안내사항은 아래 QR코드 참고

CHAPTER

5

최근 기출 갈무리

| 선별기준
대한민국 모든 학교의 수리논술 최근 기출문제 중에서, SaP 시리즈 학습 후 복습 점검에 활용하기
좋은 실전논제들을 추가로 선별하여 수록했습니다.

| 답안지 Box의 점선 줄 활용법

ⓐ 점선 줄 위에서부터 답안의 첫 두 줄을 시작해서, 이 줄에 맞춰서 아래 답안들도 줄이 삐뚤어지지 않도록 맞춰 써보세요.
   읽기 편한 글씨와 줄 맞춰 쓰기는 채점자에게 좋은 인상을 줄 수 있는 기본기입니다 :)

ⓑ 줄 맞춰 쓸 연습이 필요 없다면, 이 문제에 쓰이는 필수 Idea를 필기하는 공간으로 활용하세요.

논제 21　　　　　　　★★☆☆☆　　　2019 이화여대

삼차함수 $f(x) = x^3 + ax^2 + bx + c$ 가 있다. 모든 음이 아닌 정수 n 에서 $f(n)$ 이 정수가 되는 실수 a, b, c 에 대하여 다음 물음에 답하시오.

[1] 삼차함수 $f(x)$ 가 위의 조건을 만족하는 실수 a, b, c 의 조건을 제시하시오.

[2] 문제 [1]에서 제시된 실수 a, b, c 의 조건을 이용하여 모든 음이 아닌 정수 n 에서 $f(n)$ 이 정수임을 보이시오.

[3] 모든 음의 정수 m 에서 $f(m)$ 이 정수임을 보이시오.

[4] 구간 $[0, k]$ 에 속하는 실수 a, b 에 대하여 모든 정수 n 에서 $f(n)$ 이 정수가 되는 순서쌍 (a, b) 의 개수가 항상 홀수임을 설명하시오. (단, k 는 자연수이다.)

연습지

연속함수 $f(x)$ 가 모든 실수 x 에 대하여

$$\int_0^x f(t) \sin(x-t)dt = \ln(1+x^2)$$

을 만족한다. 이때 정적분 $\int_0^2 x f(x)\,dx$ 의 값을 구하시오.

제시문

(가) 두 함수 $y = f(u)$, $u = g(x)$ 가 미분가능할 때, 합성함수 $y = f(g(x))$ 의 도함수는

$$\{f(g(x))\}' = f'(g(x))g'(x)$$

(나) 두 함수 $f(x)$, $g(x)$ $(g(x) \neq 0)$ 가 미분가능할 때,

$$\left\{\frac{f(x)}{g(x)}\right\}' = \frac{f'(x)g(x) - f(x)g'(x)}{\{g(x)\}^2}$$

(다) 함수 $f(t)$ 가 구간 $[a, b]$ 에서 연속일 때, $\dfrac{d}{dx}\displaystyle\int_a^x f(t)\,dt = f(x)$ (단, $a < x < b$)

구간 $[0, \infty)$ 에서 정의된 연속함수 $f(x)$, $g(x)$ 가 $x \geq 0$ 인 모든 실수 x 에 대하여

$$g(x) \geq 0,\ f(x) \leq C + \int_0^x f(s)g(s)\,ds \ (\text{단},\ C \text{는 상수})$$

를 만족할 때, 다음 물음에 답하시오.

[1] $u(t) = C + \displaystyle\int_0^t f(s)g(s)\,ds$ 일 때, $u'(t) \leq u(t)g(t)$ 가 성립함을 보이시오.

[2] $f(x) \leq C e^{\int_0^x g(s)\,ds}$ 가 성립함을 보이시오.

연습지

닫힌구간 $[0, \pi]$에서 정의된 함수 $f(x) = e^x \sin x$가 있다. $f(x)$가 $x = \theta$에서 최댓값 M을 가질 때, 다음 물음에 답하시오.

[1] θ와 M의 값을 구하시오.

[2] $n \geq 4$인 모든 자연수 n에 대하여 다음 등식이 성립함을 보이시오.

$$f\left(\theta + \frac{1}{n}\pi\right) = M e^{\frac{1}{n}\pi}\left(\cos \frac{1}{n}\pi - \sin \frac{1}{n}\pi\right)$$

[3] $n \geq 4$인 모든 자연수 n에 대하여 다음 부등식이 성립함을 보이시오.

$$M^n e^\pi \left(\cos \frac{1}{n}\pi - \sin \frac{1}{n}\pi\right)^n \frac{1}{n}\pi < \int_0^\pi \{f(x)\}^n \, dx < M^n \pi$$

[4] $\displaystyle \lim_{n \to \infty} \left(\int_0^\pi \{f(x)\}^n dx\right)^{\frac{1}{n}} = M$임을 보이시오. (단, n은 4 이상의 자연수이고, $\displaystyle \lim_{n \to \infty} n^{\frac{1}{n}} = 1$이다.)

제시문

(가) 미분가능한 함수 $g(t)$ 에 대하여 $x = g(t)$ 로 놓으면

$$\int f(x)dx = \int f(g(t))\,g'(t)dt$$

이다.

(나) 함수 $f(t)$ 가 닫힌구간 $[a, b]$ 에서 연속일 때,

$$\frac{d}{dx}\int_a^x f(t)dt = f(x) \ (\text{단}, a < x < b)$$

가 성립한다.

※ 모든 문항에서 풀이 과정을 반드시 기술하시오.

함수 $f(x)$ 는 구간 $(0, \infty)$ 에서 연속이고 다음을 만족시킨다.

$$\int_0^{x-1} f(x-t)(tx)dt = \sin(ax^2) + \cos(bx^2) + \sqrt{2} \qquad (\text{단}, a+b = -\frac{3}{2}\pi)$$

[1] 다음을 증명하시오.

$$\int_0^{x-1} f(x-t)(tx)dt = \int_1^x f(t)(x^2 - tx)dt$$

[2] 두 실수 a, b 의 값을 각각 구하시오.

[3] $f(2) = \dfrac{9}{2}\pi^2$ 일 때, $\displaystyle\int_1^2 f(x)dx$ 의 값을 구하시오.

연습지

제시문

(가) 함수 $f(x)$가 어떤 구간에서 미분가능하고 이 구간의 모든 x에서
① $f'(x) > 0$이면 $f(x)$는 이 구간에서 증가한다.
② $f'(x) < 0$이면 $f(x)$는 이 구간에서 감소한다.

(나) 함수 $f(x)$가 닫힌구간 $[a, b]$에서 연속이고 $f(a) \neq f(b)$일 때, $f(a)$와 $f(b)$ 사이의 임의의 값 k에 대하여 $f(c) = k$인 c가 열린구간 (a, b)에 적어도 하나 존재한다.

(다) 함수 $f(x)$가 열린구간 (a, b)에서 미분가능할 때, 이 구간에 속하는 c에 대하여 $f'(c) = 0$이고 $x = c$의 좌우에서 $f'(x)$의 부호가 음에서 양으로 바뀌면 $f(x)$는 $x = c$에서 극소이고 극솟값은 $f(c)$이다.

열린구간 $(0, \infty)$에서 정의된 함수 $f(x) = \left(1 + \dfrac{1}{x}\right)^{x + \alpha}$에 대하여 다음 물음에 답하시오. (단, α는 실수)

[1] 음이 아닌 실수 x에 대하여 $\ln(1 + x) \leq \sqrt{x}$가 성립함을 보이고,

이를 이용하여 $\displaystyle\lim_{x \to 0+} x \ln\left(1 + \dfrac{1}{x}\right) = 0$이 성립함을 보이시오.

[2] $\alpha \leq 0$일 때, 함수 $f(x)$는 열린구간 $(0, \infty)$에서 증가함을 보이고,

$\alpha \geq \dfrac{1}{2}$일 때, 함수 $f(x)$는 열린구간 $(0, \infty)$에서 감소함을 보이시오.

[3] $0 < \alpha < \dfrac{1}{2}$일 때, 열린구간 $(0, \infty)$에서 함수 $f(x)$가 극소가 되는 x의 개수가 1임을 보이시오.

연습지

제시문

(가) 함수 $f(x)$가 다음 조건을 모두 만족시킬 때, $f(x)$는 $x = a$에서 연속이라고 한다.

    (1) 함수 $f(x)$는 $x = a$에서 정의

    (2) 극한값 $\lim_{x \to a} f(x)$가 존재

    (3) $\lim_{x \to a} f(x) = f(a)$

(나) 첫째항이 a, 공비가 $r\,(r \neq 0, 1)$인 등비수열의 첫째항부터 제n항까지의 합을 S_n이라 할 때,

    $S_n = \dfrac{a(r^n - 1)}{r - 1}$ 이다.

(다) $\lim_{n \to \infty} \left(1 + \dfrac{1}{n}\right)^n = e$

(라) 함수 $f(x)$가 $x = a$에서 연속일 때, 수열 $\{a_n\}$에 대하여 $\lim_{n \to \infty} a_n = a$이면,

    $\lim_{n \to \infty} f(a_n) = f(a)$ 이다.

두 연속함수 $f(x)$와 $g(t)$에 대하여

$$f(x + t) = f(x)^{g(t)} , \quad \ln f(e) = 2\ln f(0)$$

일 때, 다음 물음에 답하시오. (단, 모든 실수 x, t에 대하여 $f(x) > 1$, $g(t) > 0$)

[1] $g(0)$의 값을 구하시오.

[2] $\displaystyle\sum_{n=1}^{10} \ln f(ne) = \alpha \ln f(0)$ 일 때, 정수 α의 값을 구하시오.

[3] $f(e) = e^4$ 일 때, 다음 물음에 답하시오.

  (a) $\ln f(1)$의 값을 구하시오.

  (b) $\displaystyle\lim_{n \to \infty} \dfrac{\ln f\left(e + \dfrac{e}{n}\right) - 4}{\dfrac{1}{n}}$ 의 값을 구하시오.

다음 [그림 1], [그림 2], [그림 3]에 대하여 문제 [1]~[5]를 논술하시오.

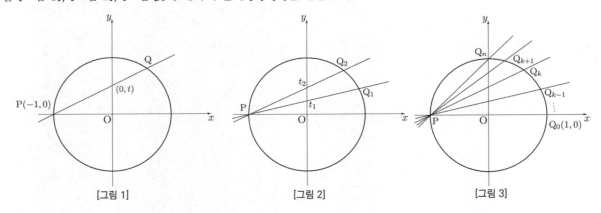

[그림 1]　　　　　　[그림 2]　　　　　　[그림 3]

[1] 실수 t 가 $0 \leq t \leq 1$ 을 만족한다고 하자. [그림 1]과 같이 좌표평면 위의 점 $\mathrm{P}(-1,0)$ 과 점 $(0,t)$ 를 지나는 직선이 원점을 중심으로 갖는 단위원과 만나는 다른 한 점을 Q 라고 하자.
이 때, 점 Q 의 x 좌표와 y 좌표를 각각 t 에 관한 식으로 나타내시오.

[2] [1]의 점 Q 에서 원의 접선의 방정식을 구하시오.

[3] [그림 2]와 같이 $t_1 < t_2$ 일 때, 각 $\angle \mathrm{OPQ_1}$ 을 θ_1, $\angle \mathrm{OPQ_2}$ 를 θ_2 라고 하자. 이때, $\sin(\theta_2 - \theta_1)$ 을 t_1 과 t_2 에 관한 식으로 나타내시오.

[4] 주어진 자연수 n 과 $0 \leq k \leq n$ 인 정수 k 에 대하여 $t_k = \dfrac{k}{n}$ 라고 하자. 각각의 t_k 마다 [1]과 같은 방법으로 얻어지는 원 위의 점을 Q_k 라고 하자. [그림 3]의 삼각형 $\mathrm{PQ}_k \mathrm{Q}_{k+1}$ 의 넓이 a_k 를 구하시오. S_n 을 $\displaystyle\sum_{k=0}^{n-1} a_k$ 라고 할 때, 극한값 $\displaystyle\lim_{n\to\infty} S_n$ 을 추측하고, 그 근거를 논하시오.

[5] 정적분 $\displaystyle\int_0^1 \dfrac{2\,dx}{(x^2+1)^2}$ 을 급수의 합 $\displaystyle\lim_{n\to\infty} T_n$ 으로 표현하시오. 이 때, 수열 T_n 과 [4] 의 수열 S_n 의 차이를 구하고, 그 차이의 극한값 $\displaystyle\lim_{n\to\infty}(T_n - S_n)$ 을 구하시오.

이를 통해 정적분 $\displaystyle\int_0^1 \dfrac{2\,dx}{(x^2+1)^2}$ 의 값에 대하여 알 수 있는 사실을 논하시오.

제시문

(가) 임의의 세 실수 a, b, c를 포함하는 구간에서 연속인 함수 $f(x)$에 대하여

$$\int_a^b f(x)\,dx = \int_a^c f(x)\,dx + \int_c^b f(x)\,dx$$

이다.

(나) 닫힌 구간 $[a,\ b]$에서 연속인 함수 $f(x)$에 대하여 미분가능한 함수 $x=g(t)$의 도함수 $g'(t)$가 $a=g(\alpha)$, $b=g(\beta)$일 때, α, β를 포함하는 구간에서 연속이면

$$\int_a^b f(x)\,dx = \int_\alpha^\beta f(g(t))g'(t)\,dt$$

이다.

$x \geq 0$에서 연속인 함수 $f(x)$가 $x>0$에서 미분가능하고, 음이 아닌 모든 실수 a, b에 대하여 다음 조건 (Ⅰ)을 만족시킨다.

(Ⅰ): $m \geq 0$, $n \geq 0$, $m+n>0$인 모든 실수 m, n에 대하여

$$f\!\left(\frac{mb+na}{m+n}\right) \leq \frac{mf(b)+nf(a)}{m+n}$$

다음 [1]~[3] 물음에 답하시오.

[1] (a) $0 \leq a \leq x \leq b$일 때

$$f(x) \leq \frac{x-a}{b-a}f(b) + \frac{b-x}{b-a}f(a)$$

임을 증명하시오. (단, $a<b$)

(b) 양의 상수 L에 대하여 $t \geq L$일 때

$$f(t) \leq \frac{1}{2L}\int_{t-L}^{t+L} f(x)\,dx \leq \frac{1}{4}\{f(t-L)+f(t+L)+2f(t)\}$$

임을 증명하시오.

[2] (a) 다음은 함수 $h(x) = \dfrac{1}{1+(1+x)^2}$ 이 음이 아닌 모든 실수 a, b 에 대하여

조건 (I)을 만족시키는 것을 보이는 과정이다. 아래의 (ㄱ), (ㄴ), (ㄷ)에 알맞은 값을 각각 구하시오.

$m \geq 0$, $n \geq 0$, $m+n > 0$ 인 실수 m, n 에 대하여 $\dfrac{n}{m+n} = s$ 로 두면 $0 \leq s \leq 1$ 이다.

$$p(s) = s\,h(a) + (1-s)\,h(b) - h(sa + (1-s)b)$$

라 하면, $p(0) = \boxed{(ㄱ)}$ 이고 $p(1) = \boxed{(ㄴ)}$ 이다. 또한

$$p(s) = \frac{s}{1+(1+a)^2} + \frac{1-s}{1+(1+b)^2} - \frac{1}{1+\{1+sa+(1-s)b\}^2}$$

이므로 $1+a = A$, $1+b = B$ 로 두면

$$p(s) = \frac{s}{1+A^2} + \frac{1-s}{1+B^2} - \frac{1}{1+\{sA + (1+\boxed{(ㄷ)}\times s)B\}^2}$$

이다.

$$q(s) = p(s) \times (1+A^2)(1+B^2)\Big[1 + \{sA + (1+\boxed{(ㄷ)}\times s)B\}^2\Big]$$

이라 하면, $q(s)$ 는 s 에 대한 다항식이다. $q(s)$ 를 인수분해하여 정리하면

$$q(s) = (B-A)^2 s(1-s)\{sA^2 + (1-s)B^2 + 2AB - 1\}$$

이다. $A \geq 1$, $B \geq 1$ 이므로, $q(s) \geq 0$ 이고 $p(s) \geq 0$ 이다.

(b) $\dfrac{l}{25} \leq \displaystyle\int_0^2 \dfrac{1}{1+(1+x)^2}\,dx < \dfrac{l+1}{25}$ 을 만족시키는 자연수 l 의 값을 구하시오.

[3] 두 양수 L, t 에 대하여 수열 $\{c_k\}$ 의 일반항이

$$c_k = \frac{2^{k-1}}{L} \int_{t-\frac{L}{2^k}}^{t+\frac{L}{2^k}} f(x)\,dx$$

라 하자. 자연수 k 에 대하여 $c_{k+1} \leq c_k$ 임을 증명하시오. $\left(\text{단, } t \geq \dfrac{L}{2}\right)$

양의 실수로 이루어진 수열 $\{a_n\}$, $\{b_n\}$ 은 어떤 자연수 k 에 대하여 $\displaystyle\sum_{n=1}^{k} a_n = \sum_{n=1}^{k} b_n$ 을 만족한다고 하자.

양의 실수 x 에 대하여 $x \ln x \geq x - 1$ 이 성립함을 보이고, 부등식 $\displaystyle\sum_{n=1}^{k} a_n \ln b_n \leq \sum_{n=1}^{k} a_n \ln a_n$ 을 보이시오.

연습지

3편의 논제 31번부터 논제 40번까지는 1편부터 3편까지 학습한 내용을 기반으로 풀 수 있는 우수문항 모음입니다. 1편, 2편, 3편을 모두 학습했다면 도전해봅시다.

논제 31 ★★☆☆ 2023 건국대 모의

제시문

(가) 함수 $y = f(x)$ 가 $x = a$ 에서 미분가능할 때, 곡선 $y = f(x)$ 위의 점 $(a, f(a))$ 에서의 접선의 기울기는 $f'(a)$ 이다.

(나) 미분가능한 함수 $g(t)$ 에 대하여 $x = g(t)$ 로 놓으면 $\displaystyle\int f(x)\,dx = \int f(g(t))g'(t)\,dt$ 이다.

(다) [그림2]는 y 축 위에 있는 임의의 점 $P(0, t)$ $(t > 0)$ 와 아래의 조건을 만족하는 점 Q 를 표시한 것이다.

조건 : 곡선 $y = \sqrt{x}$ 의 점 Q 에서 접선이 직선 PQ 에 수직이다.

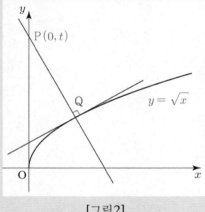

[그림2]

이때, 점 Q 의 x 좌표를 $f(t)$ 라 하고 $f(0) = 0$ 이라 하자.

[1] 미분계수 $f'(3)$ 의 값을 구하되 풀이 과정을 쓰시오.

[2] 정적분 $\displaystyle\int_0^3 f(t)\,dt$ 를 구하되 풀이 과정을 쓰시오.

연습지

열린구간 $(0, \infty)$ 에서 연속인 함수 $f(x)$ 가 $\displaystyle\int_1^2 f(x)dx = 3$ 을 만족하고 모든 양의 실수 x 에 대하여

$$f(x) - 2f(2x) = \frac{3}{x^4}$$

을 만족한다. 함수 $g(x) = \displaystyle\lim_{n \to \infty} 2^n f(2^n x)$ 에 대하여, $\displaystyle\int_1^2 g(x)dx$ 의 값을 구하시오.

연습지

함수 $F(x) = \displaystyle\int_0^x \sin^2 t \, dt$에 대하여, 다음 정적분의 값을 구하시오.

$$\int_0^\pi (2x - \sin(2x)) e^{F(x)} \sin^2 x \, dx$$

제시문

(가) 두 함수 $y = f(u)$, $u = g(x)$가 미분가능할 때, 합성함수 $y = f(g(x))$의 도함수는

$$\{f(g(x))\}' = f'(g(x))g'(x)$$

(나) 미분가능한 함수 $t = g(x)$의 도함수 $g'(x)$가 닫힌구간 $[\alpha, \beta]$에서 연속이고, 함수 $f(t)$가 닫힌구간 $[a, b]$에서 연속일 때, $g(\alpha) = a$, $g(\beta) = b$이면

$$\int_a^b f(t)dt = \int_\alpha^\beta f(g(x))g'(x)dx$$

(다) 닫힌구간 $[a, b]$에서 연속인 도함수를 갖는 두 함수 $f(x)$, $g(x)$에 대하여

$$\int_a^b f(x)g'(x)dx = [f(x)g(x)]_a^b - \int_a^b f'(x)g(x)dx$$

두 함수 $f(x)$와 $g(x)$는 실수 전체의 집합에서 도함수가 연속이고 다음 조건을 모두 만족시킨다.

(1) 모든 실수 x에 대하여 $\left\{f\left(x + \dfrac{1}{4}\right)\right\}^2 + \left\{f\left(x - \dfrac{1}{4}\right)\right\}^2 = 1$

(2) 모든 실수 x에 대하여 $f(x)f\left(x + \dfrac{1}{2}\right) = 3g(x) - 16\{g(x)\}^3$

(3) 열린구간 $\left(-\dfrac{1}{4}, 0\right)$에서 $-\dfrac{1}{2} < g(x) < 0$

(4) $f\left(\dfrac{5}{12}\right) = -\dfrac{\sqrt{2}}{2}$, $g(0) = 0$

[1] 모든 정수 n에 대하여 $|f'(n)| = |f'(0)|$이 성립함을 증명하시오. (단, $f(0) \neq 0$)

[2] $g\left(-\dfrac{1}{12}\right)$의 값을 구하시오.

[3] $\displaystyle\int_{-\frac{1}{12}}^{0} f'(x)g(x)\left[f(x) - 2\{f(x)\}^3\right]dx = \dfrac{q}{p}$라 할 때, $p + q$의 값을 구하시오.

(단, p와 q는 서로소인 자연수)

함수 $f(x) = -x^3 - x + 3$ 의 역함수 $g(x)$ 에 대하여 연속함수 $h(x)$ 가 다음 조건을 모두 만족시킨다.

(1) $h(x) = \begin{cases} 3x & (0 \leq x < 1) \\ 4g'(x) + 4 & (1 \leq x < 3) \end{cases}$

(2) 모든 실수 x 에 대하여 $h(x+3) = h(x)$ 이다.

정적분 $\displaystyle\int_0^6 x\,h(x)\,dx$ 의 값을 구하여라.

제시문

〈가〉 함수 $f(x)$는 다음 조건을 만족시킨다.
$$f(x) = \int_0^x (xt - t^2)e^{x-t}dt$$

〈나〉 함수 $g(x)$는 다음 조건을 만족시킨다.
   (1) $g(0) = 0$
   (2) $e^{-x}\int_0^x g'(t)dt = \int_0^x e^{-t}g'(t)dt - x\sin(2\pi x)$

[1] 제시문 〈가〉에서 주어진 곡선 $y = f(x)$의 오목과 볼록을 조사하고 변곡점의 좌표를 구하시오.

[2] 제시문 〈가〉에서 주어진 곡선 $y = f(x)$위의 점 $(0, f(0))$에서의 접선을 l_1, 점 $(2, f(2))$에서의 접선을 l_2라고 하자. 곡선 $y = f(x)$와 두 직선 l_1, l_2로 둘러싸인 도형의 넓이를 구하시오.

[3] 제시문 〈나〉에서 주어진 함수 $g(x)$에 대하여 $\int_0^{2023} g(x)dx < 4046\pi e^{2023}$ 이 성립함을 보이시오.

연습지

제시문

[가] 〈이항정리〉 실수 a, b 와 자연수 n 에 대하여 다음 등식이 성립한다.

$$(a+b)^n = \sum_{k=0}^{n} {}_n C_k a^{n-k} b^k$$

[나] 모든 자연수 n 에 대하여 $0 \leq a_n \leq b_n$ 이고 $\displaystyle\lim_{n \to \infty} b_n = 0$ 이면 $\displaystyle\lim_{n \to \infty} a_n = 0$ 이다.

[다] $r \neq 1$ 일 때 실수 a 와 자연수 n 에 대하여

$$\sum_{k=1}^{n} ar^{k-1} = \frac{a(1-r^n)}{1-r}$$

이다. 또한, $|r| < 1$ 이면 $\displaystyle\lim_{n \to \infty} r^n = 0$ 이므로

$$\sum_{n=1}^{\infty} ar^{n-1} = \frac{a}{1-r}$$

이다.

[라] 닫힌구간 $[a, b]$ 에서 연속인 두 함수 $f(x)$, $g(x)$ 에 대하여 다음 등식이 성립한다.

$$\int_a^b \{f(x) + g(x)\} dx = \int_a^b f(x) dx + \int_a^b g(x) dx$$

[마] 함수 $f(x)$, $g(x)$ 가 닫힌구간 $[a, b]$ 에서 연속이고 모든 $x \in [a, b]$ 에 대하여 $f(x) \leq g(x)$ 라고 하자. 이때 $h(x) = g(x) - f(x)$ 라고 하면 모든 $x \in [a, b]$ 에 대하여 $h(x) \geq 0$ 이므로 정적분 $\displaystyle\int_a^b h(x) dx$ 는 곡선 $y = h(x)$ 와 x 축 및 두 직선 $x = a$, $x = b$ 로 둘러싸인 도형의 넓이를 나타낸다. 제시문 [라]에 의하여

$$\int_a^b g(x) dx - \int_a^b f(x) dx = \int_a^b h(x) dx \geq 0$$

이고 따라서 $\displaystyle\int_a^b f(x) dx \leq \int_a^b g(x) dx$ 이다.

[1] a 가 양의 실수일 때 모든 자연수 n 에 대하여 다음 부등식이 성립함을 보이시오.

$$(1+a)^{n+1} \geq \frac{n^2}{2}a^2$$

또한, 이 부등식을 이용하여 $\displaystyle\lim_{n \to \infty} \frac{n}{2^n} = 0$ 을 보이시오.

[2] $r \neq 1$ 일 때 모든 자연수 n 에 대하여 다음 등식이 성립함을 보이시오.

$$\sum_{k=1}^{n} k r^{k-1} = \frac{1-(n+1)r^n + nr^{n+1}}{(1-r)^2}$$

또한, 이 등식을 이용하여 급수 $\displaystyle\sum_{n=1}^{\infty} \frac{n}{2^n}$ 의 합을 구하시오.

[3] $0 < r < 1$ 일 때 모든 자연수 n 에 대하여 다음 등식이 성립함을 보이시오.

$$\sum_{k=1}^{n+1} \frac{r^k}{k} = -\ln(1-r) - \int_0^r \frac{t^{n+1}}{1-t} dt$$

[4] 문제 **[3]**의 결과를 이용하여 급수 $\displaystyle\sum_{n=1}^{\infty} \frac{1}{n2^n}$ 의 합을 구하시오.

제시문

(ㄱ) 함수 $f(t)$ 를 다음과 같이 정의한다.

$$f(t) = \int_0^t \left\{ \frac{1}{\left(1+x^4\right)^{\frac{1}{4}}} - \frac{x^4}{\left(1+x^4\right)^{\frac{5}{4}}} \right\} dx$$

(ㄴ) 제시문 (ㄱ)의 함수 $f(t)$ 에 대하여 수직선 위를 움직이는 점 P 의 시각 t 에서의 속도 $v(t)$ 는 다음과 같다.

$$v(t) = 3t^2 \{ f(t) + 1 \}$$

(ㄷ) 제시문 (ㄴ)의 점 P 에 대하여 s 는 $t=0$ 에서 $t=1$ 까지 점 P 가 움직인 거리이다.

제시문 (ㄷ)의 s 에 대하여 s^4 의 값을 구하고 그 근거를 논술하시오.

연습지

제시문

(가) 미분가능한 함수 $f(x)$ 의 역함수 $f^{-1}(x)$ 가 존재하고 미분가능할 때, $y = f^{-1}(x)$ 의 도함수는

$$(f^{-1})'(x) = \frac{1}{f'(y)} \quad (\text{단}, \ f'(y) \neq 0)$$

(나) 미분가능한 함수 $t = g(x)$ 의 도함수 $g'(x)$ 가 닫힌구간 $[\alpha, \beta]$ 에서 연속이고, 함수 $f(t)$ 가 닫힌구간 $[a, b]$ 에서 연속일 때, $g(\alpha) = a, g(\beta) = b$ 이면

$$\int_a^b f(t)dt = \int_\alpha^\beta f(g(x))g'(x)dx$$

(다) 함수 $f(x)$ 가 임의의 세 실수 a, b, c 를 포함하는 닫힌구간에서 연속일 때,

$$\int_a^b f(x)dx + \int_b^c f(x)dx = \int_a^c f(x)dx$$

(라) 두 함수 $f(x), g(x)$ 가 닫힌구간 $[a, b]$ 에서 연속이고 $f(x) \leq g(x)$ 일 때,

$$\int_a^b f(x)dx \leq \int_a^b g(x)dx$$

(마) 두 함수 $y = f(u), u = g(x)$ 가 미분가능할 때, 합성함수 $y = f(g(x))$ 의 도함수는

$$\{f(g(x))\}' = f'(g(x))g'(x)$$

(바) 세 함수 $f(x), g(x), h(x)$ 에 대하여 $f(x) \leq h(x) \leq g(x)$ 이고

$$\lim_{x \to \infty} f(x) = \lim_{x \to \infty} g(x) = \alpha \ (\alpha \text{ 는 실수}) \text{ 이면 } \lim_{x \to \infty} h(x) = \alpha$$

실수 전체 집합에서 정의된 함수 $f(x)$ 는 이계도함수를 갖는 증가함수이고, $f(0) = 0$ 이다. $f(x)$ 의 역함수를 $g(x)$ 라고 할 때, $g(x)$ 는 실수 전체 집합에서 정의되고 이계도함수를 갖는다. 실수 전체 집합에서 정의된 함수

$$h(x) = \int_0^x \{1 + (g'(t))^4\}^{\frac{1}{4}}dt - \int_0^x \{1 + (f'(t))^4\}^{\frac{1}{4}}dt$$

에 대하여 다음 물음에 답하시오.

[1] $h(\alpha) = 0$ 을 만족하는 양의 실수 α 에 대하여 $f(\alpha) = \alpha$ 임을 증명하시오.

[2] $h(\beta) = 0, h'(\beta) = 0, h''(\beta) = -2^{\frac{9}{4}}$ 을 만족하는 양의 실수 β 에 대하여 $f''(\beta)$ 의 값을 구하시오.

[3] $\lim\limits_{x \to \infty} \dfrac{f(x)}{x} = 1$ 일 때, $\lim\limits_{x \to \infty} \dfrac{h(x)}{x} = 0$ 임을 보이시오.

제시문

(가) 함수 $f(x)$가 어떤 열린구간에서 미분가능할 때, 그 열린구간에 속하는 모든 x에 대하여 $f'(x) > 0$이면 $f(x)$는 그 구간에서 증가하고, $f'(x) < 0$이면 $f(x)$는 그 구간에서 감소한다.

(나) 닫힌구간 $[a, b]$를 포함하는 열린구간에서 두 함수 $f(x)$, $g(x)$가 각각 연속인 도함수를 가질 때

$$\int_a^b f'(x)g(x)dx = [f(x)g(x)]_a^b - \int_a^b f(x)g'(x)dx$$

(다) 닫힌구간 $[a, b]$에서 연속인 두 함수가 $f(x) \le g(x)$를 만족하면

$$\int_a^b f(x)dx \le \int_a^b g(x)dx$$

[1] 두 양수 a, b에 대하여 $a \ln \dfrac{b}{a} \le b - a$임을 보이시오.

[2] 모든 자연수 n에 대하여 $\displaystyle\int_0^1 \sin(2n\pi x)\ln(1+x)dx \le 0$임을 보이시오.

[3] 자연수 n에 대하여 $f(x) = x - \sin(2n\pi x) + 1$일 때, $\displaystyle\int_0^1 f(x)\ln f(x)dx \ge \ln 4 - \dfrac{3}{4}$임을 보이시오.

연습지